地球システムの崩壊

松井孝典

新潮選書

地球システムの崩壊・目次

第一部　二一世紀の宇宙と文明を探る

第二部　辺境に普遍を探る

地球システムの崩壊

第一部　二一世紀の宇宙と文明を探る

現代とはいかなる時代か

一九六九年、人類は地球上の生命としては初めて、地球の重力圏を突破し、月面にその足跡を印した。人類としての記念すべき最初の一歩を印したアームストロング船長は、その歴史的瞬間に立ち会った気持ちを、次のように述べている。「これは一人の人間としてはほんの小さな一歩だが、人類にとっては大きな飛躍である」。この言葉ほど、現代という時代の特徴を、簡潔にして明瞭に伝えるものはない。アメリカの文豪ノーマン・メイラーもまた、この高揚した時代の気分を次のように残している。「二〇世紀はアポロ11号の打上げをもって終った」。それは地球史、生命史という時間スケールでも、特記すべき事件である。今から四億年前、生命が初めて海から陸に進出した事件に匹敵するからだ。

地球の重力圏を突破することの哲学的意味は、宇宙から地球を見る視点を獲得することにある。それは地球が、他の太陽系天体と同じくひとつの天体にすぎないことを、一般の人にも、画像としてはっきりと確認させてくれるが、しかし一方で、地球が他の太陽系天体と、異なる天体であることも認識させてくれる。その雲の変化や、季節による大陸の地表変化は、大気と海との複雑な相互作用、あるいは生物圏の存在を示唆し、地表が、その領域を構成するいくつかの構成要素間の、相互作用による動的な平衡状態にあることを語っている。専門的な言い方をすれば、それは地球がひとつのシステムであるということだ。また、夜になると地表を覆う光の海は、この天体に、高度に発達した知的生命体、あるいは文明が存在することを、灯台からのシグナルのように宇宙に向かって発信している。

従って、現代とはいかなる時代かと問われれば、我々の存在が宇宙から見える時代、あるいは我々が宇宙を認識しはじめた時代といっていいだろう。それはまた、我々が大脳皮質に外界を投影し、内部モデルを構築する――それが認識ということだが、その認識の時空を拡大することで、ギリシャ以来の学問のゴールである普遍性について、具体的に語りはじめた時代といってもよい。宇宙からの視点を得るとは、俯瞰的、相対的、普遍的視点をもつということと同じである。その結果、我々は初めて、我々とは何か、どこから来てどこへ行くのか、という根源的な問いに真正面から向き合うことができる。

その詳細を議論するには、宇宙や地球や文明について、いくつか基本的な認識を確認しておかなくてはならない。

地球システム

現代を生きる人類は、宇宙的スケールで〝見える〟存在になった。そのことに、現代という時代の、最も本質的な特徴があると述べたが、その意味を問おうとすると必然的に、宇宙史、地球史、生命史、人類史、といった時間スケールでの分析が必要になる。

宇宙から〝見える〟、あるいは宇宙を認識するとはどういうことか？　それは一万年以前の地球には見られなかった現象である。夜半球の地球に点々と広がる光の海、それを地球システム論的に考察すれば、地球システムを構成する要素のひとつとして、人間圏なる物質圏が存在する、ということになる。あるいは、地球からもれ出てくる電波を観測していれば、そこに知的生命体による情報伝達の内容を発見することができる。

システムとは何か？　複数の構成要素からなり、それぞれが相互作用する系のことである。ここで構成要素とは、それぞれが固有の力学と特性時間をもつ、ということになるが、要するに同じものではないということだ。同じものなら単なる多体問題の対象というにすぎない。ただし、天体力学ではよく知られていることだが、二体問題は解析的に解けても、三体問題になると解けなくなるくらい、多体問題は多体問題で複雑である。

システムの場合、その個々の構成要素間に互いの関係があり、その関係も全体、あるいはそれぞれの構成要素の、時々刻々の状態に応じて、変化する。従って、単にそれぞれの構成要素を足し合わせれば、全体が表現できるというほど単純ではない。複雑系と呼ばれるゆえんである。構成要素間に関係性が生まれるのは、システム全体あるいはそれぞれの構成要素に駆動力があるからだ。すなわち、システムという場合、以上のそれぞれが特定されれば、システムが具体的に表現されることになる。

地球システムを例にして具体的に考えてみよう。まず構成要素である。一般には、地球を構成する物質圏を、それぞれの構成要素と考えるのが普通である。外から順に、プラズマ圏（一〇〇キロメートル以上の上空に行くと、大気を構成する分子は電離している）、大気圏、海、大陸地殻、海洋地殻、マントル、コアである。それぞれがまったく異なる物質からなり、従って固有の力学と特性時間をもつことは容易に想像できるだろう。専門家以外には、大陸地殻、海洋地殻、マントルは同じ岩石と見えるかもしれない。しかし、岩石の種類が異なり、物質圏としての挙動はそれぞれにまったく異なる。さらにいえば、マントルは上部マントルと下部マントルとに、コアは外核と内核とに分けられる。上部マントルと下部マントルでは、それを構成する鉱物が異なる。外核と内核では物質の状態が液体か固体かという点で異なるほかに、不純物を含む鉄・ニッケル合金か、ピュアな鉄・ニッケル合金かという組成の点でも異なる。

このほかに地球を構成する物質としては、生物とわれわれ人類がいる。生物は地表付近に分布し、有機物から成る物質である。たとえば土壌圏とその上の草原、森林、そこに生息する生物などを考えてみればよい。それらを、有機物を主とする物質圏のように定義し、それを生物圏と呼ぶことにする。海洋中、あるいは海底地殻表層の土壌などもそれに含めるとする。人類に関していえば、前にも述べたように、人間圏なる構成要素が定義できる。以上が地球システムの構成要素である。

駆動力は太陽からの入射光と、地球内部の熱、あるいは月の潮汐エネルギーなどである。太陽光によって地表が暖められると、海から水が蒸発し、大気中を上昇し、凝結して雲になる。雲がたまれば雨となって地表に降り、生物圏や大陸地殻を浸食して、海に戻る。この水の循環にともなって、地表付近の構成要素間で、エネルギーやさまざまな物質の移動が起こる。構成要素間の関係性とは、具体的には、このエネルギーの流れと物質循環のことである。

地球内部の熱は対流運動を通じて地表に運ばれ、宇宙空間に棄てられる。その過程で、コアが対流し、磁場を生み出し、マントルが対流して地殻を動かし、地震や火山活動や地殻変動を引き起こす。磁場と、太陽から吹きつける風、プラズマ圏の相互作用がオーロラを輝かせ、マントルの運動が大陸を移動させる。内部の駆動力によるこれらの物質、エネルギーの流れが、太陽光の駆動力による地表付近の物質、エネルギーの流れと連動して、地球はシステムとしての挙動を示す。

地球システム論的に分析すれば、人間圏が誕生し、その内部に自ら駆動力をもち、新たな物質、エネルギーの流れをつくり出し、地球システムの挙動が変化したのが現代という時代である。この意味で現代は、地球史という時間スケールでも画期をなす時代である。

人類は、生物学的には少なくとも今から七〇〇万年くらい前、類人猿から分化し、生物圏を構成する生物種のひとつとして地球の上に存在するようになった。しかし地球システム論的に考察すれば、以来一万年前くらいまで、人類は地球にとって、他の動物や植物などと変わりない存在であった。狩猟採集という生き方は全ての動物がしている生き方だからである。その存在の意味が異なりはじめたのは、そのライフスタイルを狩猟採集から農耕牧畜へと転換した時である。その時、歴史が変わったのである。人類の存在は地球にとって、それまでと異なるものとなった。農耕牧畜とは、地球システムの物質、エネルギーの流れに直接関わって生きる生き方だからである。その生き方の転換は従って、地球システム論的には、生物圏から分化し、新たに人間圏という構成要素をつくって生きはじめることを意味するのである。人間圏をつくって生きる生き方を文明と呼ぶならば、現代文明のあり方を問うためには、少なくともここで述べたような時空スケールで論じなくてはならない。

文明のパラドックス

狩猟採集という生き方が、生物圏内部の物質・エネルギー循環を利用する生き方であるのに対し農耕牧畜は、地球システムの物質・エネルギー循環を利用する生き方である。であるがゆえに地球システムの物質・エネルギー循環に擾乱《じょうらん》をもたらす。それをいま我々は、地球環境問題、資源・エネルギー問題、食糧問題、人口問題等として認識している。これらの問題の出現は結局、我々が人間圏をつくって生きるという生き方に原因があるわけだから、私はこれを文明の問題と呼んでいる。

そのような問題の存在が認識されたのは、我々が宇宙から地球を観測できるようになったからである。従ってその背景として、我々の文明が地球規模の文明になったことが挙げられる。地球規模の文明とは、文字通り地球スケールでの物質・エネルギー循環を利用する文明という意味で、エネルギー消費量レベルでいえば太陽の全放射エネルギーのうち地球の断面積分に相当するエネルギーを利用する文明ということになる。これを地球システムと人間圏という言葉を用いていえば、次のようになる。地球システムの物質・エネルギー循環を利用するといっても、単にそれを人間圏にバイパスさせるだけではない。人間圏の内部に駆動力をもち、地球システムの物質循環すら、それによって駆動するレベルの文明ということになる。

そのレベルの文明になって初めて我々は、自然という、宇宙の歴史を記した古文書に例えられる記録を、解読できるようになる。そして宇宙、地球、生命の起源と進化について、その概略を語ることができる。これが宇宙から我々の存在が見えるということの、別の意味である。

宇宙史一三七億年、地球史四六億年、生命史三八億年のスケールで我々とは何か、どこから来てどこへ行くのか？　その議論が可能になると同時に、〝文明の問題〟に直面するのは皮肉である。宇宙の歴史という自然の解読が可能な文明とは、地球規模の文明でなければならず、地球規模の文明であれば必ず〝文明の問題〟に直面する。我々が、我々のレゾンデートルを問うと同時に、それを可能にする文明の寿命が問われるというこの矛盾を、私は〝文明のパラドックス〟と呼んでいる。

俯瞰する視点

二〇世紀、人類は地球の重力圏を突破し、宇宙へと進出した。その象徴的な事件がアポロ計画による有人月探査である。人類は月に立ち、そこから地球を、そして人類を眺める視点を得た。これは文明史上最高高度からの俯瞰的視点である。二一世紀の世界を考えるとき、この高度からの俯瞰的視点をもったことの意味をよくよく考えねばならない。

月から眺めると地球は、広大な宇宙に浮かぶひとつの小さな天体として見える。それを構成する大気とか海とか大陸とか、あるいは生物圏とか人間圏とか、個々の物質圏が個別に見えるわけではない。全体が全体として意味をもった存在として見える。それを他の太陽系天体と比較して見ると、その特徴はより明らかになる。海も、大陸も、生命も、高等知的生命体である人間も、他の太陽系天体には存在しない。

これらの物質圏がすべてそろって地球に存在し、他の太陽系天体に存在しないことは、それぞれの存在が、互いに深くかかわって存在していることを示唆している。すなわちそのひとつが欠けても、互いに存在しえない関係にあるということだ。全体が、それを構成する要素間の、互いの関係の上に規定されて存在する、そのような全体のことをシステムということは前に述べた。月からの俯瞰的視点をもつとは、すなわち、地球をひとつのシステムとして捉え、我々はそのなかで人間圏という構成要素をつくって生きる存在であることを認識することである。

そのような視点から二一世紀の人間圏を考えるとき初めて、一〇〇〇年後も存在する人間圏のあり方が見えてくる。地に這いつくばった視点で、二〇世紀に成立した人間や社会に関する諸概念、制度などに基づいて、いくら二一世紀を考えても、そのような視点の先にある人間圏は、地球システムとは調和的でありえない。なぜなら、二〇世紀までの人間圏と二一世紀のそれとでは、地球システムのなかでの境界条件が、まったく異なるからである。

例えば、人権とか、民主主義とか、グローバル市場主義経済とか、これらの概念、制度のもとに二一世紀の人間圏を考えるのが普通である。しかし、これらの概念、制度が確立した二〇世紀は、人間圏がまだ、地球システムのなかで制約条件なしに拡大できるという、特殊な境界条件のもとにあった。それは、農耕牧畜の選択により生物圏から人間圏が分化して以来、地球システムのなかで、右肩上がりで拡大を続けることが可能な、最後の世紀であったのだ。そのような境界条件下の人間圏にあって、初めて成立する考え方であることを認識する必要がある。

右肩上がりで拡大を続ける人間圏は二〇世紀で終了した。しかしその誕生以来続く右肩上がりの信仰の慣性は大きく、容易にその方向を転換しえない。二一世紀はその矛盾が露呈し、それらの共同幻想に基づく人間圏の内部システムが崩壊する最初の世紀だろう。共同幻想とは過激な言い方と思われるかもしれない。しかし月からの俯瞰的視点に基づくと、それらは確かに、地に這いつくばった視点の人類が共同に抱く、幻想にすぎないことがまさに見えるのである。ただし、それが現生人類の特徴なのだという考え方もある。すなわち、共同幻想の下にさまざまな共同体を構成し、それらをユニットとする人間圏の内部システムを構築し、それに依存して生きる高等知的生命体こそ現生人類なのだ。いずれにせよ二一世紀に、その答えははっきりする。

現生人類はなぜ人間圏をつくったか

我々とは何か？　この問いは、人生のなかで誰しもが、いつかどこかで思う、あるいは抱いた疑問ではないかと推測する。〝我々〟を、物事を認識する主体だと思えば、その認識という過程に注目して〝我々〟を論じることもできるだろうし、もっと単純に、単なる生物種のひとつと考えることもできる。前者の立場に基づく議論は、いわゆる哲学的人間論と称していいだろう。そうだとすると後者の立場にたつ議論は、生物学的人間論ということになる。

月から地球を眺めるという超俯瞰的視点にたつと、全く異なる人間論が展開できる。〝我々〟とは、地球システムのなかに新たな構成要素として、人間圏をつくって生きる知的生命体ということになるからだ。人間圏については、すでに簡単に説明した。農耕牧畜という生き方を地球システム論的に分析して得られる概念である。そのような視点で我々とは何かを論じる立場を私は、地球学的人間論と呼んでいる。

人類の起源は七〇〇万年前ぐらいまで遡る。その間さまざまな人類が登場したが、人間圏をつくって生き、繁栄したのは、現生人類をおいて他にない。現生人類はなぜ人間圏をつくったのか？　これは、地球学的人間論を考えはじめて以来、抱いてきた疑問である。その疑問に、答えらしい答えが見つかった。

それは、言い方を変えれば、数万年前までは共存した二種の人類、一方はその後爆発的に人口を増やし、繁栄したのに対し、一方はその後絶滅した、現生人類とネアンデルタール人との違いを問うものでもある。以前、進化生物学者である長谷川眞理子氏と対談した際、この問いが話題になった。その際、おばあさん仮説なる考え方があるのを紹介された。現生人類だけにおばあさんが存在するというのである。ネアンデルタール人をはじめ、他の人類には存在しない。もちろん類人猿にも存在しない。そもそも哺乳動物におばあさんは存在しない。子孫を残すのが最大のレゾンデートルという生物の生き方からすれば、このことは当然である。なお、おばあさんとはこの場合、生殖年齢を遥かに過ぎた、すなわち卵子のなくなったメスのことを意味する。更年期障害とは、現生人類を除くと死の病であったということになる。

おばあさんが存在するようになると、お産はより安全になり、子供の世話もより手間がかからなくなり、次回の出産までの間隔も短くなる。すべては人口増加に結びつく。現生人類は人口増加が著しく、その結果、アフリカを出て世界各地に拡散していったというわけである。

加えて、現生人類はネアンデルタール人に比べ、言葉の発音能力が高いと考えられている。言語が明瞭に話せるということは、目の前で起こっていない現象でも他人に説明することができるということだ。それが抽象能力を発展させ、哲学的人間論に至るのは不思議なことではない。七〇〇万年くらい前に誕生した人類が進化、発展し、十六万年くらい前に現生人類が誕生し、その現生人類が一万年前に人間圏をつくった。それは、現生人類しかもちえない、これらの生物学的特殊性によるのかもしれないということだ。

文明の三段階発展論

我々はどこから来たのか？　〝我々〟を現生人類と考え、〝どこ〟というのを、文字通りに場所という意味に限定すれば、アフリカということになる。誕生したのは十六万年くらい前と推定されている。その後アフリカを出て、現生人類は世界各地へと拡散した。

世界中に広がり、一万年くらい前に生物圏から飛び出し、人間圏をつくって生きはじめた我々は、これからどこに行くのだろうか？　人間圏をつくって生きはじめた理由を、現生人類の生物学的特質、すなわち、おばあさんの誕生と、共同幻想を抱くことを可能にする、脳の神経細胞（ニューロン）の接続に求めるとすれば、答えは宇宙ということになる。現在でも巷に流布する相変わらずの経済至上主義に見られるように、人類はどうあがいても、このような人間圏をつくって生きはじめた生物学的特質からは逃れられない。すなわち、右肩上がりという共同幻想から逃れられず、従っていずれ地球システムから人間圏へ流入する物質・エネルギーが不足する事態に直面すれば、それらの必要物資の調達を、地球規模から太陽系規模へと拡大せざるをえなくなるからである。

例えば文明の発展段階を、消費するエネルギー量で測るとすれば、現在の文明は太陽からの総放射エネルギーを、地球軌道上の地球の断面積で受けている程度ということになる。これを地球文明と呼ぶとすると、次の段階の文明は、太陽からのエネルギー放射のすべてを利用する文明ということになる。それを太陽系文明と呼ぶことにしよう。例えば具体的にどのような文明かといえば、地球を粉々に砕き、それで太陽をすっぽり覆う球殻をつくり、太陽からの放射エネルギーの全てをその内側の面で吸収し、利用するような文明ということだ。

このようなことを発想したのは米国の物理学者、フリーマン・ダイソンである。そこでこのような球のことをダイソン球という。彼は我々より進んだ文明があるとすれば、このような段階の文明であろうから、したがって宇宙で極々低温の輻射をしている星を探せば、それが高等技術文明をもつ知的生命体の住む星ではないか、と考えた。

右肩上がりという発想をさらに続ければ、次の段階の文明は銀河系文明ということになる。例えば、銀河系の中心付近で放射される膨大な輻射を利用する文明である。地球文明から太陽系文明へ、そして銀河系文明へと、文明が消費するエネルギー量に応じて段階的に発展するという考え方を、それを提唱した旧ソ連の学者の名前をとり、カルダーシェフの三段階発展論という。

地球文明の現状、たとえば地球環境問題をみると、こんな右肩上がりの発展論は机上の空論であることがすぐにわかる。右肩上がりではなく、水平あるいは若干の右肩下がりでないと、地球システムと調和的な人間圏は設計できない。構造改革とは本来、人間圏の内部システム(社会の仕組み)をこのように変えるためでなければならない。今、そんな俯瞰的な視点こそ必要なのではないか。経済の右肩上がりのためだけの構造改革を目指すのならば、地球システムを無視し、人間圏を崩壊へと導く、近視眼的な発想といわなければならない。

共同幻想を抱く動物

約一万年前、現生人類は農耕牧畜という生き方を選択した。それを地球システム論的に分析すれば、地球システムのなかに新たな構成要素をつくって生きる、ということになる。それを筆者は人間圏と呼んでいる。このとき以来、現生人類は地球上で、それ以前の人類とは決定的に異なる存在となった。生物圏のなかに閉じた種のひとつという存在ではなく、構成要素のひとつとして地球システムと直接かかわり、それに影響を及ぼす存在となったからである。

ではなぜ現生人類はそのような生き方をはじめたのか？　およそ七〇〇万年に及ぶ人類の歴史のなかで、さまざまな人類が現れては消えている。その間基本的には人類は、狩猟採集という、他の動物もしている生き方を変えなかった。現生人類にしても同様である。その誕生は十六万年前のアフリカに遡るが、その生き方はそれまでの人類と同様、狩猟採集であった。しかし現生人類は一万年くらい前にその生き方を変えた。なぜ変えたのか？　その時間にこだわれば理由は、約一万年前にはじまる地球システムの気候変動にある。しかし七〇〇万年という期間を考えれば、同様の気候変動も何度となく繰り返されたはずである。では、なぜ現生人類だけがそんな生き方をはじめたのか？　その疑問は残る。

この現生人類にかかわる疑問の答えのひとつとして、〝おばあさん〟の誕生が挙げられることはすでに紹介した。動物的な意味でのメスとしての機能を失った存在として〝おばあさん〟を定義すれば、それが閉経後十数年以上も存在し続けることは、現生人類以外には例がない。哺乳動物にも、サルにも、霊長類にも、他の人類にも、おばあさんは存在しない。その誕生が人口の増加につながり、現生人類の〝出アフリカ〟にも、農耕のはじまりにも深く関係したのではないかということも指摘した。

しかし人間圏の成立の要件を考えると、それだけでは不十分である。人間圏もまたひとつのシステムであるから、それを成立させるためには、それぞれが異なる性質をもつ複数の構成要素の集合体から構成される必要がある。すなわち、我々が現在の人間圏で見かけるさまざまな階層レベルでの共同体の成立が不可欠で、その成立条件まで考えると、上記の理由に加えて別の理由が必要になる。それは何か？　前にも少し触れたが、筆者はそれを、現生人類のもつ発声・発音能力にあると考えている。現生人類は言語を明瞭に話せる。しかし他の人類はこのように明瞭には話せなかったのではないか、ということが指摘されている。言語の発音能力は舌や、喉の声帯の構造に関係する。それが他の人類と現生人類とで異なるのではないか、というのである。舌や喉のような軟らかい部分は死後、化石として残りにくい。従ってこのアイデアの検証は難しく、長い間仮説であったが、最近少しずつその証拠が得られつつある。

言語が明瞭に話せるのとそうでないのとで、どのような違いが起こりうるのか？　すぐに思いつくのは、相手との情報伝達に関する違いである。明瞭に話せれば、質も量も飛躍的に増加する。質の違いとしては例えば、情報ネットワークの形成である。それは、脳という個人レベルにおける情報処理の問題から、人の集団としてのそれまで含めてである。現生人類と他の人類の脳を比較したとき、その構造の違いとして、容量ではなく、神経細胞のネットワーク構造の変化が考えられるのだ。脳科学で次第に解明されつつあるように、脳における認識は、その神経細胞のネットワーク接続状態に関係する。情報伝達能力の発達は脳の神経細胞ネットワークの接続を変え、我々の抽象的思考を可能にしたのではないだろうか？　それがさまざまな概念を生み出し、人間圏における共同体の成立を促し、現在に至っている。その概念が意味をもち、有効に機能するのは、多くの人がそれをそうだと思い込む幻想が成立しているからである。その意味でそれは共同幻想と呼べる。それが求心力として作用し、人間圏のさまざまな共同体がつくられる。

我々はなぜ豊かになったのか

現在、少なくとも先進国では、飢えが深刻な社会問題ではない。食糧に限らず、生活に必要なあらゆる物品が社会に満ち溢れ、生活環境も快適で、この状態をもって物質的には豊かな状態と称する。この豊かさを、我々はどうすることによって獲得したのだろうか？

その答えは、何段階かに分かれる。まず思い浮かぶのは、農耕牧畜という生き方を選択した、すなわち筆者流に表現すれば、生物圏のなかの種のひとつという存在から脱し、人間圏をつくって生きはじめたから、ということになる。人間圏をつくる生き方では、利用できる物質循環の流量（単位時間あたりの循環量）は、生物圏内部のそれと比較して圧倒的に大きい。しかし、地球システムの駆動力によって動かされる物質の流量という意味では、それにも上限があり、すぐに頭打ち状態になる。

この種の物質的豊かさは、人口の増加、あるいはエネルギーの消費量、工業製品の生産量、何でもいいが、それらと同様、指数関数的に、右肩上がりに上昇し続けてきた。それはなぜ可能だったのだろうか？　同じ人間圏をつくって生きるといっても、地球システムの駆動力に依存する段階と、人間圏内部に駆動力をもつ段階と、発展段階が二段階に分けられる。前者を「フロー依存型人間圏」、後者を「ストック依存型人間圏」と呼ぶことにする。現在の人間圏は、その内部に駆動力をもつ。そのため、我々はその欲望に応じて、地球システムの物質循環を自在にコントロールできるのだ。すなわち、我々の欲望に上限がなければ、地球システムから人間圏への物質の流入量に上限がないことになる。

このことの意味をもう少し深く考えてみよう。例えば、文明の成立に不可欠な鉄の物質循環を考えてみる。地球の表面付近には、金属鉄は存在しない。厳密には、宇宙から飛来する鉄隕石を除いてということだが。地球の表層やマントルには、大量の酸素があり、鉄はすべて酸化されているからである。そこで我々は、酸化した鉄を還元し（製鉄業）、それを利用している。その原材料である鉄鉱石は、たとえばオーストラリアにある。かつて二十数億年前の、地球システムの物質循環の結果として、当時の海洋地殻に貯まった鉄鉱石を掘り出し、日本に運んできて精錬し、金属鉄をつくる。鉄鉱石の採掘と輸送というこの行為は、地球システムに、新たな物質の流れをつくりだすことである。

もし我々がこのようなことをしなくても、プレートテクトニクス（地殻と地表付近のマントルの水平運動）という、地球システムの物質循環メカニズムにより、いずれはオーストラリアが北上し、日本列島にぶつかる。従って我々の行為は、それを早めているだけのことといえる。我々が現在のような繁栄を謳歌できるのは、実は、地球システムの物質循環を速め、人間圏への流入量を増やせるからなのである。

「ストック依存型人間圏」とは、このように地球システムの物質循環のスピードを速め、その結果として、人間圏への物質の流量を増やし、我々の欲望を満足させる生き方といえる。我々が豊かになるとは、実は、地球システムの物質循環のスピードを速めること、すなわち〝時間の消費〟にほかならないのである。

以上の例を参考に、我々の一年（人間圏における物質循環のタイムスケール）を、地球における物質循環のタイムスケールに換算してみよう。たとえば、あと数百年でオーストラリアの鉄鉱床を掘り尽くすとする。それを日本まで輸送するとすれば、オーストラリアがプレート運動の結果として日本にぶつかるまで数千万年かかるから、われわれの一年は地球時間の約一〇万年に相当する。要するに、人間圏が一〇〇年存在するとは、地球システムの、他の構成要素の存在期間に換算すると一〇〇〇万年、一万年存在するとは、一〇億年存在することに匹敵するのである。このように比較すれば、我々の存在が地球環境問題、あるいは地球に汚染をもたらす理由も、納得がいくだろう。汚染とは、地球システムに人間圏という新しい構成要素ができたために、地球システムの物質やエネルギーの流れが変わった結果なのである。豊かさとはそういうことなのだ。

二〇世紀の人間圏の拡大率は、地球システムの時間からすれば、異常といえるものである。人口を例に考えてみよう。現在、世界の人口は六六億人を超えるが、二〇世紀の一〇〇年で約四倍になった。人間圏に流入する物質やエネルギーをいくらでも増やすことができたために、人間圏は拡大していき、その結果、急速に人口が増加したのである。この増加率で単純計算してみると、二千数百年後には、人間圏の重さ（人口×体重）が地球の重さと等しくなってしまう。二〇世紀のような拡大が、二一世紀には起こりえないことは明らかだろう。

もし我々が、これまでと同様の発想で右肩上がりの豊かさを求めて人間圏を営むとすれば、人間圏の存続時間は一〇〇年ほどだろうと考えられる。

学の統合と、新たな学の創造とは

二一世紀の科学を語るキーワードのひとつとして、学の統合、総合、あるいは融合がいわれて久しい。しかしそれがいかなるものか、具体的に示された例はほとんどない。それほど困難だということなのだが、といって手をこまねいているわけにはいかない。我々が直面する文明の問題の多くは、この試みの成否にかかっているものが多いからである。そこで過去にそのような例がないか考えてみたい。

学の統合という意味ですぐに思い浮かぶ例は、ウェーゲナーの大陸移動説である。A・L・ウェーゲナーとは、ドイツの気象学者である。一八八〇年一一月一日ベルリンに生まれた。一九〇五年ベルリン大学で学位をとった後、〇六年から〇八年にかけてグリーンランド東北海岸地域の探検に参加し、その帰国後マールブルク大学の物理学の講師になった。その職にあった一〇年から一一年にかけて、大西洋の両岸に対峙する海岸線の形が類似していることにヒントを得たらしい。一二年一月に、大陸移動について最初の講演をしている。その後、第一次世界大戦に従軍し負傷するが、その休養中にアイデアをまとめ、一五年『大陸と海洋の起源』と題して出版した。

その後、いわゆる大陸移動説として評価されるようになったパラダイムは、この最初の本をまったく書きなおして出版した、『大陸と海洋の起源』第二版の内容である。そして、その後の研究成果を取り入れ、何回となく改訂版を出版し、最終の第四版は二九年に出版されている。それが最終版となったのは、三〇年一一月、彼としては四回目に当たるグリーンランド探検で遭難し、亡くなったからである。

その本を読んでみれば分かることだが、まず圧倒されるのは、引用した参考文献の多さと、関連研究分野の広さである。その数二二九に及ぶ。そのほとんどがドイツ語で書かれた文献であるが、このことは逆に、当時のドイツの科学がいかに世界をリードしていたか、その水準の高さを示している。

ウェーゲナーの大陸移動説を概略すると、以下のようになる。

大陸は比較的軽い物質でできている（彼はそれをシアル〈珪素とアルミニウムの元素記号に由来〉と呼ぶ）。それがもっと重い層（彼はそれをシマ〈珪素とマグネシウムの元素記号に由来〉と呼ぶ）の上に浮かんでいる。深海底は、その上に大陸の乗っていないシマそのものが露出した部分、ということになる。大陸はそのシマに対して移動するが、その方向や速さは個々に異なる。そのため大陸は相対的に位置を変えることになる。古生代といわれる、今から二億五〇〇〇万年以上昔には、現在の大陸は全てがひとつにまとまり、超大陸を形成していた。彼はそれをパンゲアと呼んだ。ひとつの大陸という意味である。それがその後分裂し、移動し、現在のようになったというのである。

彼はこのアイデアを、現代ふうにいえば、当時知られていた「地球科学」の諸分野のデータを用い、論証する。当時はもちろん、「地球科学」というような概念はない。いわゆる要素還元主義的に分類される諸学、すなわち地球電磁気学、放射性年代学、地震学、測地学、岩石学、堆積学、層序学、古生物学、動物学、植物学、昆虫学、気象学、自然地理学、気候学などなどの知識を集め、それにもとづいて大陸移動説というアイデアを論じたのである。例えば、現在は遠く離れている二つの大陸に、同一種の化石が出たり、現生の生物にも、種は違っても同じ属や科に属するものが存在する。あるいは同一年代をもつ同じ地質構造が分布する。あるいは同一の気候帯にあった証拠が残されている。これらのデータは、この二つの大陸が、かつてはくっついていたことを示唆するが、それを物理学的に合理的に説明する仮説として、大陸移動説しかないことを論証したのである。

この試みはまさに、諸学の統合、総合、融合にほかならない。それがその後、「地球科学」と呼ばれる新しい学問の誕生につながった。現在ではそれが、地球から太陽系天体にまで拡大され、地球惑星科学として発展し、さらにそれに天文学、生物学を加えて、アストロバイオロジーなる新しい学問が試みられている。将来はそれに哲学、文明論を加え、新しい〝智の体系〟を創造しようというのが、筆者の提唱する「チキュウ学」である。

「チキュウ学」の試み

二〇世紀までの学のあり方を総括し、二一世紀の新たな学の体系を構築するために、さまざまな試みが模索されている。大学でも、新しく設置された学部などに、総合何がしとか、環境何がしとかを冠したものが多い。しかし、学の統合と新しい学の創造という試みほど、〝言うは易く、行うは難し〟という諺にあてはまる例はない。

学の統合とか、総合とか、文理融合とかは、いずれもこれまでの科学の基本的考え方である二元論と要素還元主義を超克しなければ、達成しえない。しかもそれは、旧来の意味での〝分かるとは何ぞや〟を否定することになるほど、大変なことなのだ。従って通常行われていることは、単にいろいろな分野の研究者が一堂に会して議論するとか、組織なら、その組織のなかにいろいろな分野の研究者がいるということにすぎない。それを称して、右のようなことを目的とした試みがなされるといわれている。

二〇世紀には確かに、ミクロな世界にしてもマクロな世界にしても、自然と人間が、一方は認識される客体として、一方はそれを認識する主体として、二元論で前提とされるようにきれいに分けられるわけではないことが明らかになった。ミクロにはいわゆる量子力学における〝観測の問題〟であり、マクロには最近の地球環境問題がそうである。しかし、とりあえず前提としてそう考えることで、いま目の前にある、考えようとする問題について、そう考えている自分は何なのかなどに思い煩うことなく、直接考えられることは、実際に方法論的には有効である。

要素還元論も同様である。問題の枠組みをより細かくとればとるほど、考えるべき問題はより明らかになり、その解も一意的に決まる。しかし枠組みを大きくとって提起されるような問題は、たとえそれがより根源的な問いではあっても、そのまま解けば答えのはっきりしない曖昧なものになる。最近では、従来の意味ではその挙動が予測できない、複雑系という新たな現象も発見され、これまでの〝分かる〟という認識の限界も明らかにされている。

これは別に科学の世界に限ったことではない。そもそも学校教育が、そのようなこれまでの方法論的な考え方に基づいて構築されているために、あらゆる〝分かる〟ということの了解が全て、それに基づくようになっているから厄介なのである。だからといって、手をこまねいていればいいというわけでもない。

道筋がはっきりしなくても、何か行動に移すことも必要だろうということで、筆者自身もいろいろな試みをしている。そのひとつが「チキュウ学」の構築である。チキュウは、〝地球〟、〝智求〟、〝智球〟をかけている。地球のなかに我々が人間圏として存在しているのであるから、システム論と歴史に基づいて全体を一緒に考えるということで〝地球学〟、あるいは従来の学のあり方を超える新たな智の体系を求めるという意味で〝智求学〟というわけである。その得られた智の体系を智球ダイアグラムに映像化しようともしている（これについては第二部で詳述する）。

二元論と要素還元主義に代わる新たな方法論など、すぐに提案されるわけはない。そこで、とりあえずシステムと歴史に注目して、従来の学で得られている智の体系をくりなおし、その本質を抽出しようとしている。全てを一人で完結させるのは大変なので、目的に賛同してくれる研究者との対話・討論の場として、いくつかの勉強会も主宰している。

人間圏というシステムのユニットをどうとるか

現代という時代を、あるいは我々とは何かを、宇宙から俯瞰するという視点で考えると、現代とは、我々が地球システムのなかに、人間圏なる構成要素をつくって生きている時代、ということになる。

俯瞰的視点とは具体的には、システム論的視点であり、歴史論的視点である。それぞれ、考える対象を、宇宙という空間スケール、時間スケールで俯瞰することにほかならない。システムとは何かについて地球システムを例に最初に紹介したが、ここでは人間圏について考えてみたい。

人間圏に限らず地球システムの構成要素は、それぞれもまたシステムである。地球システムのサブシステムということだ。その構成要素をどうとるか？　その間の関係性は？　その駆動力は？　と考えていけば、人間圏なるシステムがいかなるものか、具体的に考えることができる。まずもって重要なのは、そのユニット（構成要素）をどうとるかである。しかし、これがむずかしい。

普通に考えれば、そのようなものとしてまず思い浮かぶのは、国家、すなわち国民国家（ネーション・ステート）である。しかし現在の人間圏は、地球システムほど単純ではない。その理由は、ユニットがそれだけで尽くされるわけではないからだ。企業というユニットも、地域や都市というユニットも、民族や家族、あるいは宗教というユニットも、もっとずっと多くのユニットが考えられる。それらが重層的に入り組んで、人間圏なるシステムが構成されている。

関係性とは、例えば国家の場合、貿易などの物の流れ、為替という通貨の流れ、あるいは人の行き来、文化交流のようなことである。国際関係と称されるもの全てがそうだと思ってよい。安全保障条約の類とか、あるいは国連とか、ＷＴＯ（世界貿易機関）とか、さまざまな国際機関の存在なども、そのようなものとして議論できる。現実の問題としてニュースなどに取り上げられる話題でいえば、国連主導か米国一国統治か、あるいはＷＴＯかＦＴＡ（自由貿易協定）か、といった議論が思い浮かぶ。

駆動力はわかりやすい。石油とか石炭、天然ガス、原子力など、我々が利用するエネルギーである。駆動力に注目すれば、人間圏の発展段階は二つに分けられる。前にも述べたとおり、人間圏の内部に駆動力が存在しない段階と、存在する段階の二つである。前者が地球システムのフローに依存するという意味でフロー依存型人間圏、後者が地球システムの他の構成要素に蓄積された資源（ストック）に依存するという意味でストック依存型人間圏である。いわゆる文明とは、「人間圏をつくって生きる生き方」と定義できるから、前者が農業文明の段階に相当し、後者が工業文明の段階に相当する。

以上のように人間圏を認識すると、一九九〇年代以降の人間圏は、どのような状況にあると分析できるだろうか？　そのためには例えば、ユニットに注目するとわかりやすい。結論を先にいえば、現在の人間圏の流れの向きは、ビッグバンに向かっている。国家や企業のような従来のユニットが、強固な求心力を失い、いわゆる先進国では個人をユニットに、発展途上国では地域や宗教、家族をユニットにという、旧来の共同体を破壊する流れである。近代という時代に形成されてきた国民国家という共同体の概念が揺らぎはじめ、そのユニットとしての機能に限界が見えはじめたといっていい。

このような流れが生じているひとつの理由が、インターネットの普及である。その結果、情報が個人に拡散し、旧来の共同体の求心力が弱まりつつある。共同体の求心力とは情報に他ならず、それが拡散すれば求心力が失われるのは当たり前である。これは例えていえば、宇宙のはじまり（ビッグバン）に相当する。過去に遡れば宇宙は収縮し、すると宇宙の温度は上昇する。その結果、すべての構造は破壊され、究極の構成粒子にまで分解される。現在の人間圏は、ビッグバンに向かいつつあると分析できるのだ。もっとも、この流れは、旧来の人間圏の内部構造を破壊し、新たなる人間圏構築のためと、好意的に解釈することも可能である。しかしそのためには、破壊の後にどのような人間圏を構築したいのか、そのビジョンがあらかじめ示されなければならない。

それは具体的には、人間圏のユニットをどうとるかという問題であり、時間を早める生き方をどのようにスローにするかという問題であり、我々とは何かをチキュウ学的に追求すること(チキュウ学的人間論の構築)である。つまり、人間中心主義的な考えではなく、地球システムと調和した人間圏を追求することである。

それは、あるいはレンタルの思想の追求といってもよい。人間圏をつくって生きることは、欲望を解放しても生きられることにつながり、その欲望の具体的な形が所有である。現代とは、個人があらゆるものを所有することを求める時代ともいえる。このアンチテーゼがレンタルである。

我々は自分の身体ですら自分の所有物のように思っている。しかし、それは生きている間、地球から借りている(レンタルしている)にすぎない。我々は、地球から材料を借りて、自分のからだを構成するさまざまな臓器をつくり、その機能を使って生きている。機能を使って生きることが重要なのであって、からだそのものが物として意味があるわけではない。我々が生きていくのに、本当に必要としているのは物ではなく、その機能なのだ。すべてを所有する必要などないのである。その機能を利用することが本質なのだと認識を改める必要がある。

このような思想から、新しい共同幻想が生まれ、地球システムのなかで安定した人間圏が見えてくるのではないだろうか。

宇宙とは何か

宇宙といってもその言葉から想像される世界はあまりに広大で、一般の人にはその具体像が描きにくい。そこで宇宙という言葉の意味を考えながら、二一世紀の宇宙を探るとは何なのかについて考えてみたい。

毛利衛さんや野口聡一さん達が乗ったスペースシャトルの飛行する大気圏上層空間も、宇宙と表現される。また、惑星探査機が航行する惑星間空間も宇宙と表現される。ハワイに設置された国立天文台の、「すばる」と名づけられた望遠鏡で見る世界ももちろん宇宙である。このような表現の様子から判断すると、一般の感覚としては、人間圏より上の空間が宇宙ということになるのかもしれない。では人間圏の上空への広がりはどれくらいか。従来の感覚ではそれは、吸えるべき空気が存在し、雲が湧き、雨が降り、人間が自由に飛行できる領域ということであろう。それは昔の表現でいえば、天文と称される現象の見られる空間である。ただし天とはこの場合、空《そら》を意味する。今から一〇〇年以上も前、現在の東京大学の前身である帝国大学理科大学に、今でいう天文学科が設置されたが、当初は星学科といった。

以上に述べた宇宙のイメージは科学的にはもちろん異なる。スペースシャトルの飛行する空間は、太陽系空間ではない。地球の磁気圏で規定される地球の勢力圏の内側にある。それは物理的には太陽から吹き出す太陽風が吹き込まない領域ということである。地球の勢力圏としては、地球の重力が太陽の重力に勝る領域という意味の、別の勢力圏を定義することもできる。それは専門的にはヒル圏と呼ばれる領域である。いずれもその空間のスケールのオーダーとしては、地球の半径の数十倍から数百倍程度の広がりを有する。従って科学的にはその外側が、地球・宇宙・生命と併記されるときの、宇宙ということになろう。

宇宙という漢字の語源をたどれば、時空という概念を意味する言葉に行き着く。従って二一世紀の宇宙を探るという時、我々も含めた自然の、ビッグバン以来の歴史的存在のなかで、二一世紀という時点でのその存在の意味を問う、というような意味も含まれよう。ただし我々も含めてしまうと、同じく時空を意味する世界という用語と、その表現との違いがはっきりしなくなる。

この宇宙談義をもっと深めるためには、二〇世紀に獲得した人類の知的体系がいかなるものか、その知識を整理しておくことが必要である。我々に身近な宇宙は太陽系である。中心に太陽と呼ばれる恒星（自ら輝く星）が輝き、その周囲を惑星と呼ばれる自らは輝かない天体がまわっている。地球と太陽との間の距離を単位（一天文単位という）としてその構造の空間スケールを表すと、数十から一〇〇天文単位の広がりを有する。

空を見上げると星が見える。満天の星と言われるが、その分布は一様ではない。中天に、帯状に星の密集している領域（天の川）が存在する。これは、我々の太陽系の属する星の集団である。天の川銀河、あるいは銀河系と呼ばれ、約二〇〇〇億個の星から成る。なおこのような星の集団を銀河と言う。天の川銀河（銀河系）を外から見れば、中心から何本もの腕が渦巻き状に延びた構造として見える。その空間スケールは、光の速さで一年間かかって到達する距離（一光年）を単位として、一〇万光年の広がりを有する。太陽系はその腕のひとつの、しかも外端付近に位置している。さらに大きなスケール、例えば銀河系をはるかに俯瞰して眺めるような空間スケールになると、星ではなく銀河をユニットとして考えなくてはならない。

二〇世紀の天文学は銀河とは何かを探究することから始まった。それが、銀河系の外に位置する星の集団であることが明らかにされ、その銀河が我々の銀河から遠い程、より速い速度で遠ざかっていることがエドウィン・ハッブルによって発見され、宇宙が膨脹していることが分かったのである。銀河が分布する空間がもっとも広大な宇宙ということになるが、その銀河もばらばらに存在するのではない。集団をなして分布し、小さいものから銀河群、銀河団、超銀河団と呼ばれている。このような銀河分布が宇宙の大規模構造をつくっている。なお、現在知られているもっとも遠い天体は約一三二億光年の彼方にある。現在の宇宙には、数百億、数千億の銀河があると考えられているが、観測されているのは、このうちの数十万個程度にすぎない。どんなタイプの銀河が存在するかといえば、銀河系のような渦巻型の他に、楕円型やレンズ型などがある。

世界の始まり

宇宙とは時空を意味すると述べた。時空とは時間と空間のことである。時空だけでなく、そこに物質も存在する。宇宙の起源と進化を論ずる学問を宇宙論というが、現代の宇宙論は無からいかにして時空と物質が瞬時に誕生するか、それを記述する理論を準備している。

時間と聞いてまず思い浮かぶことは、宇宙には始まりがあるのか否か、始まりがあるとすれば現在は、誕生からどのくらいたっているのか、という疑問であろう。それは、そもそも時間に始まりがあるのか否か、を問うているのに等しい。例えば東洋的な循環思想でいけば、時間もまたくるくる循環しているだけで、始まりも終わりも存在しない。宇宙だって同じことで、宇宙が膨脹するとか収縮するとか時間的に変化していなければ（定常宇宙という）、始まりは意味をもたない。始まりが意味をもつのは、直線的なイメージで時間を考える場合である。この場合初めて、時間が定量的な数値として与えられる。

この世界に始まりがあるとして、それが何時かが論じられるようになったのは、文明史という時間スケールでも、それほど昔のことではない。一六世紀のことである。マルティン・ルターにより、旧約聖書の系図をアダムからキリストまでたどるという方法で天地創造の瞬間が推定され、紀元前四〇〇〇年という数値が与えられた。この数値が基本的には世界、すなわち宇宙の年齢として一九世紀に至るまで信じられていた。実際にはこの推定値の改良が何回か試みられている。例えばジェームズ・アッシャー大司教により、キリストの磔の時に暗闇に閉ざされたという記述を日食と解釈し、日食の記録に合うように四年遡り紀元前四〇〇四年と改正されたり、あるいはケンブリッジ大学副総長ジョン・ライトフットにより、紀元前四〇〇四年一〇月二六日という数値が与えられたりしている。

世界の始まりに関して、科学的推論が始まったのは、一八世紀である。フランスの博物学者ビュフォン伯爵により、地球の年齢が初めて推定された。初めてというのは厳密には正しくない。ビュフォンと同様の発想の推定は既にニュートンにより、『プリンキピア』のなかで与えられているからである。ニュートンは地球サイズの赤熱球体の冷却には五万年かかることを述べている。ビュフォンは、彗星の太陽への衝突により太陽から引き離された熔解物の球体から地球が形成されたと考えた。そこで、その冷却の時間を、室内実験の結果に基づいて推定し、七万五〇〇〇年という数値を得た。

一九世紀になると世界の始まりの推定値は、地球の年齢ではなく太陽の年齢の推定により与えられ、再び格段に延ばされた。ウィリアム・トムソン――爵位を得てケルビン卿と呼ばれる自然哲学者（今風に言えば物理学者）――により、太陽の寿命の上限として二四〇〇万年という数値が与えられたのである。二〇世紀になると世界の始まりはさらに遡ることになる。

宇宙の年齢

二〇世紀は地球や太陽や宇宙の年齢を推定する試みが劇的に発展した世紀である。なぜか？ひとつは放射性元素の発見、ひとつは膨脹宇宙の発見が挙げられる。放射性元素はその崩壊に伴い熱を発生する。従って地球は内部に熱源をもつことになり、一九世紀以前に推定されたような、熱球や太陽の冷却時間は、地球の年齢とは関係ないことが明らかにされた。

さらに重要なのは、放射性元素の崩壊という現象を利用して直接、地球の年齢が推定できることが明らかにされたことである。

放射性元素の崩壊は個々の原子レベルではランダムな現象であるが、岩石中に含まれる元素濃度というレベルでは、ある一定の期間に半減するような規則性を示す。従って、初めに存在する放射性元素の量が分かっていれば、現在の量を測定することにより、その間の経過時間が推定できることになる。初めに存在する量を知る詳しい方法の説明は省くが、二〇世紀の初めにこのようなことが発見され、地球の推定年齢は飛躍的に延びた。地球の年齢とはこの場合、宇宙の年齢の推定と同じく、そこに存在する最古の物質の年齢がひとつのめやすとなる。現在知られている地球上最古の岩石の年齢は、三九億六〇〇〇万年である。

太陽系というスケールでは、もっと年代の古い物質が存在する。隕石である。隕石には色々な種類があり、その形成年代も異なるが、多くは四六億年近い年代をもつ。地球も含め太陽系の天体はいずれも、この頃形成されたと考えられている。

　放射性元素の発見はまた、太陽の内部のエネルギー源に関しても新たな知見をもたらした。一九二〇年にはすでに、水素原子核の融合によるヘリウム原子核の合成が太陽のエネルギー源として有力であるという認識が述べられている。太陽の年齢もまたケルビンの推定より、飛躍的に延びる可能性が示されたのである。当時はまだ太陽の元素組成も知られていなかった。しかし、一八世紀以来続けられてきた、太陽と地球の年齢に関する推定のめどが、このとき初めてたてられたといえよう。現在太陽の年齢は、太陽系に存在する最古の物質の年齢から、四六億年と推定されている。一方で寿命は、その内部のエネルギー源の量から一〇〇億年と推定されている。従って、余命はあと五〇億年程度ということになる。

　放射性元素の存在と、星の内部での核融合反応の知識を用いると、宇宙の年齢は太陽系の年齢よりずっと古いことが分かる。例えば、太陽くらいの質量の星ではその内部の元素合成の過程で、炭素、窒素、酸素などより重い元素はつくられない。一方、これらの元素より重い元素は太陽系の元素組成の約〇・五パーセントを占める。すなわち太陽系の誕生以前に、それらの重い元素はつくられていなければならないことになる。これらの重い元素や、放射性元素の起源を考えると、太陽系誕生の舞台である銀河系の年齢の下限として、八〇億年という推定値がえられる。当然のことながら宇宙の年齢はもっと古いことになる。実際の宇宙の年齢の推定はもうひとつの発見、宇宙が膨張しているという事実にもとづく。

膨脹する宇宙

天文学において二〇世紀の最大の発見は何か、と問われれば私なら、膨脹宇宙の発見と答える。宇宙が膨脹しているということは、過去に戻ると宇宙は一点に収縮し、その瞬間が宇宙の始まりを意味する。そうでなければ宇宙は定常で、すなわち時間的に変化せず、宇宙には始まりも終わりもないことになる。この場合、時間の概念は、今我々のもっている直線的なものと、だいぶ異なるものとなったであろう。

宇宙が膨脹しているという事実を発見したエドウィン・ハッブルは、一八八九年、ミズーリ州マーシュフィールドで生まれ、オックスフォードのクイーンズカレッジで法律を学び、その後一年ほど高校教師をした後、一九一四年天文学の研究生としてヤーキス天文台に移った。ハッブルが天文学者として最初に名を挙げた仕事は、銀河の分類方法の考案である。

現在我々は、銀河と銀河系のなかの星雲とが異なることを知っている。しかしその当時はまだその区別はついておらず、星雲の正体についての論争が、天文学上の最大のテーマといえるような状況であった。そのような状況のなかでハッブルは一九二六年、アンドロメダ星雲などの渦巻き星雲は、銀河系外の銀河であることを突きとめた。そして一九二九年、より遠くの銀河ほど、より大きな赤方偏移を示すことを明らかにする論文を発表した。赤方偏移とは、観測者から高速で遠ざかる天体からの光の波長が実際より長くなることである。波長が長くなるとは、光がより赤色がかるということで、そう呼ばれる。我々が通常経験するのは、例えば、接近するパトカーからのサイレンの音は高くなり、逆に遠ざかるときには低くなるということで、これは物理学で習うドップラー効果のことである。

「銀河系外星雲における距離と動径速度との間の関係」と題した、この六ページの小論文には、横軸に距離を、縦軸に速度をとったグラフ上に、四六個の星雲についてのデータをプロットした図が載せられている。測定値はかなり広く散らばるものの、この図から、赤方偏移が大きいほど遠ざかる速度も速くなる傾向が見て取れる。ハッブルは散らばった点の間に、めのこで直線を引いている。その直線の傾きは、赤方偏移―距離関係の比例定数を与えるが、それはおよそ五二五キロメートル毎秒毎メガパーセク（パーセクは天文学における距離の単位。一パーセクは地球と太陽との間の距離に相当する長さの基線に対して視差が一秒角になる距離のこと、三・二六一六光年の距離に相当する）であった。

彼がなぜそのように直線を引いたのか、その理由は定かではない。しかしその後一九三一年に発表された、ハッブルとミルトン・ハマソンによる、更に五〇個のデータを追加した論文でも、全く同じところに同じ傾きの直線が引かれている（それらのデータはばらつきも小さく、そこに直線を引くことは合理的に見える）ことを考えると、一九二九年当時、すでにその後のデータもある程度知った上で直線を引いていたと考えるのが自然である。

この比例定数は今日ハッブル定数と呼ばれるものである。なぜこの数値にこだわるのかといえば、この値の逆数が宇宙の年齢に関係するからである。現在観測される銀河が我々から離れつつあるということは、昔はもっと近くにあったことを意味し、更に遡れば互いに重なり合ってしまうことを意味する。宇宙の膨脹が一定の速さで続いているとしたら、ハッブル定数の逆数は宇宙の始まりからの経過時間、すなわち年齢を与えることになる。

理論的背景

ハッブルの観測により求められた赤方偏移─距離関係の比例定数は、五二五キロメートル毎秒毎メガパーセクであった。この値をもとに、宇宙が過去にも現在と同様の一定の速さで膨脹し続けていると仮定して計算される宇宙の年齢は、約二〇億年となる。この年齢は、当時知られていた放射性元素の崩壊現象を利用して推定された地球の岩石の形成年代より若い。このため赤方偏移─距離関係の解釈に疑問が提出されたが、その後それは銀河の距離の、測定精度の問題に帰着することが分かった。以来現在に至るまで、銀河の距離測定の問題は天文学の中心課題である。なお、宇宙の年齢の推定は今でもハッブル定数をもとに推定されるが、現在の推定値はもちろん地球の年齢と矛盾することはない。現在、ハッブル望遠鏡など、最新の観測装置を用いて得られているハッブル定数の推定値は約五〇キロメートル毎秒毎メガパーセクである。

では、銀河の距離はどのようにして測られるのか？　近くの星についてのその原理は、三角測量と同じである。三角形の一辺の両端で、その辺の対角の点に対する角度を測れば、幾何学の公式を用いてその点までの距離が計算できる。宇宙において、その一辺の長さとして最長のスケールは、太陽を巡る地球の軌道の直径である。この直径より遥かに遠くの星に関してはこの方法では限界がある。その場合には明るさの分かっている星を基準にして、その暗くなるなり方から推定する。

宇宙は確かに現在膨脹している。しかし過去にも現在と同様、ずっと一定の速さで膨脹し続けていたとは考えにくい。宇宙の膨脹がいかなるものと考えられているか、宇宙論の理論的背景についても簡単に紹介しておこう。ハッブルが膨脹宇宙の証拠を発見する一三年前、アインシュタインは物質を含む時空全体を記述する一般相対論の方程式を宇宙に応用し、その場合に、その解の予測する奇妙な振る舞いについて苦慮していた。それによると、宇宙は膨脹しているか、収縮しているかの二つの状態しかない。それは当時知られていた宇宙、すなわち膨脹も収縮もしない銀河系の観測と矛盾していたからである。時を同じくしてオランダの天文学者ウィレム・ド・ジッターも、物質を含む宇宙についての解は、膨脹することを見いだしていた。

その後アインシュタインとド・ジッターは共同で、一般相対論の方程式にもとづく宇宙モデルを研究し、観測に調和的なモデルとしてアインシュタイン―ド・ジッターモデルを提唱した。一九三二年のことである。それはアインシュタイン方程式の特異解に当たり、物理的には平らな時空に対する解である。彼らのモデルによると宇宙の年齢は、最初から現在と同じ速さで膨脹してきたと仮定して計算した場合の、三分の二になる。ハッブル定数の推定値（約五〇キロメートル毎秒毎メガパーセク）にもとづいて推定される宇宙の年齢は一三〇億年から一六〇億年の間となる。標準的には、しばらく宇宙の年齢として一五〇億年という数値が用いられていた。現在は諸観測の精度があがり、それらを総合的に判断してNASAが発表した数値は、一三七億年である。

ビッグバンの瞬間

宇宙が現在膨脹しているということは、過去に遡れば、その宇宙は収縮していくことになる。すなわち宇宙の始まりとは、それが一点に収縮したその瞬間ということになる。その瞬間のことをビッグバンという。このビッグバンの概念を提出したのはロシア出身の物理学者ジョージ・ガモフとその仲間である。宇宙を構成する元素は大部分が水素、ヘリウムから成る。ガモフ達はその事実を説明するために、このモデルを考えた。そしてこの呼び名は、フレッド・ホイルによって与えられた。彼は、宇宙は膨脹しているが、たえず物質が生成されているため不変であるとする「定常宇宙論」の提唱者であるが、彼が、ライバルであるガモフ達の理論を説明した際に用いたのである。いずれも一九四〇年代のことだ。

ただしその瞬間といっても、実際に意味のあるのは、誕生した直後の、ある瞬間である。というのは、文字通りの誕生の瞬間は、温度も圧力も質量密度も無限大で、それを理論的に論じる方法がないからだ。しかしその瞬間から一秒でも経過した後の状態となると、その状態を記述するパラメータは有限になる。例えば、温度は10^{10}K（絶対温度）、その総質量（エネルギー）

は10^{65}グラムと推測され、そこで何が起こるか具体的に考えられる状態になる。ガモフたちは当時の元素合成理論を使って、宇宙初期の高温状態下での原子核の合成過程を推測し、その予測と、観測される元素組成との比較から、火の玉状態の存在を予言したのである。ちなみに、この段階の宇宙の姿は、現在の標準ビッグバン理論によると、次のようなものだ。材料物質として用意されているのは、光子《こうし》、電子、陽電子、ニュートリノ、反ニュートリノがそれぞれ10^{89}個、陽子、中性子が10^{79}個である。これらを激しくかき混ぜ、10^{10}Kまで熱した状態が、誕生から一秒後の宇宙の具体的な姿となる。この段階から数分のうちに元素の原子核合成は終了し、宇宙は水素とヘリウムの原子核と電子から成るようになる。我々に馴染み深い、いわゆる中性のガスから成るような宇宙になるまでには、さらに数十万年の時間がかかる。

いわゆるビッグバン理論はこのように、火の玉状態として誕生した後の宇宙がどうなるかを論じる理論である。しかしビッグバンの瞬間、あるいはその前があるとすればそれはどういう状態なのか、は論じられない。ビッグバンはなぜ、いかにして起こったのか、あるいは宇宙はなぜ均質なのか、安定した膨張を続けるのか、を論じるためには、電磁気力、弱い相互作用、強い相互作用、重力を統一した理論が必要になる。現在はまだ重力まで含めた大統一理論は提出されていないが、それ以外の力は統一して扱うことができる。従って、理論的にはまだ十分な発展段階にないが、その段階でも、右のような疑問に答える仮説が用意されている。インフレーション仮説と呼ばれるものがそれである。

インフレーション仮説

ビッグバンのその瞬間は、温度も物質密度もエネルギー密度も重力場の強さも、あらゆる物理量が無限大になる。そのような時空の点、あるいは領域のことを特異点という。特異点では、現象を記述する方程式は役に立たなくなってしまう。時間と空間の幾何学を記述する一般相対性理論は、そのような瞬間が一般的に起こることを予測している。物理学の方程式を使って、時間とともにある物理量がどのように変化するか予測しようとしても、このような領域では、その式を使ってその後何が起こるかを予測することはできない。すなわち、ビッグバンの瞬間は理論的に予測できないということになる。

理論的に予測できなければ観測的に何とかするしかない。しかしこれもまた現状ではむずかしい。我々が観測できる最古の宇宙の状態は、宇宙が光に対して透明になった瞬間である。それが「宇宙背景放射」と呼ばれるものだ。すなわち、このように観測される宇宙の姿の始まりの直前までは、プラズマのなかに閉じ込められていた大量の光子が散乱された状態で、それは例えていえば、雲におおわれたような状態である。それが冷えて、陽子と電子が水素として合体した時、光子が吸収され、光は宇宙をまっすぐ進むことができる。その瞬間を「宇宙の晴れ上がり」という。その時代の宇宙の温度は三〇〇〇Kくらいあったが、宇宙の膨脹によって光の波長は引き延ばされ、実際に観測されたのは約三Kの光（マイクロ波）であった。それをわれわれは現在、宇宙背景放射として観測している。いま我々が見ることのできる宇宙の、一番始めの状態はこの時である。宇宙が透明になる以前、もっと熱くて原子核と電子がばらばらな状態（プラズマ状態）にあった時の宇宙は、光に対しては不透明だが、ニュートリノのような他の形態の放射に対しては透明であった。いずれ感度のよいニュートリノ望遠鏡が開発されれば、そのような放射が観測されるかもしれない。

しかしさらに時間を遡って宇宙がもっと熱く、物質密度が高い時には、ニュートリノに対しても宇宙は不透明になる。ただし原理的には、どんな物質密度でもそこを通過しうる放射がある。それが重力波である。重力波が観測されていない現在、高感度重力波望遠鏡の話をするのは現実的ではないが、将来はビッグバンの始まりの瞬間が見える可能性もあるということだ。

理論的に予測できないと述べた。問題は、物質密度が無限に大きくなる瞬間まで一般相対性理論が成立するか否か、ということである。宇宙の密度があまりに高いために量子論の影響を無視できない瞬間に到達し、この場合、一般相対性理論だけでは何が起きているのか近似的な記述さえできなくなってしまう。一般相対性理論と量子論を組み合わせた重力の量子論だけがその瞬間を記述できる。

そんな理論はまだ完成していないが、予想される結果は三つある。ひとつは、量子論の効果を考慮しても特異点が存在する場合、二番目は量子論的効果により特異点が取り除かれ、無限大の密度に到達せず、何か別のことが起こる場合、三番目は現実的な現象が連続的に起こるというより量子論的に、何か新しい奇妙なことが起きる場合である。イギリスの理論物理学者スティーブン・ホーキングらが提唱する「虚の時間」が、この最後の「何か新しい奇妙なこと」に相当する。

二番目の場合に相当するのが、宇宙のインフレーション仮説である。これは宇宙が膨脹し冷えるにつれ、相転移が起こるという考え方である。物質の状態は温度とか圧力によって決まるが、相転移とは、我々に馴染み深い現象でいえば、水蒸気が凝縮して水滴になったり、凍ったり、その状態を変える現象のことである。宇宙の最初にも真空の相転移と呼ばれるようなことが起ったのではないかといわれている。この仮説によると、現在のゆっくりした膨脹の前に、もっと速い膨脹の時期があったことになる。このインフレーションの時代、宇宙は一〇の数十乗分の一秒くらいごとに大きさが倍になったという。宇宙背景放射は一〇万分の一の精度で均質であるが、そのことは創造の瞬間の宇宙で、全ての領域が互いに接触していたことを意味する。これまでそのことをうまく説明する考え方はなかった。インフレーション仮説はこのことを見事に説明できるのだ。

宇宙はなぜ膨脹したのか

宇宙がビッグバンによって誕生したとすると、その瞬間は高温・高密度の火の玉状態である。そのような状態がなぜ最初に与えられたのかについては、長い間の謎であった。それを解決したのがインフレーション仮説であるが、インフレーション仮説もある意味で、解くべき問題を先送りしているにすぎない。それは結局、宇宙はなぜ膨脹するのかについて、本当の答えを与えていないからだ。

この問題は現在に至るまで解決されていない。宇宙の初期に膨脹が起こるためには、宇宙に斥力《せきりょく》を及ぼすような、何かのエネルギーが宇宙誕生前の真空を満たしていたと考えなくてはならない。斥力とは、聞きなれない用語かもしれない。物体が及ぼす重力に対して反発する力を表す言葉である。宇宙には物体が満ちているので、その重力によって引力が働き、宇宙は収縮しなければならないことになる。その引力に逆らって宇宙を膨脹させるには、それに反発する斥力が必要になる。アインシュタインも一般相対性理論を提出した時に、宇宙斥力という概念を導入している。このような力がないと、宇宙は収縮してしまい、彼がその当時考えていたような静的な宇宙、すなわち時間的に変化しない定常宇宙が実現しない。そこで、アインシュタインは一九一七年、空間がもつ斥力、すなわち宇宙斥力、または宇宙定数と呼ばれる項を一般相対性理論の方程式に導入したのである。

インフレーション理論の登場で、初期宇宙には宇宙斥力と同じような効果をもつ何かがなくてはならないことが明らかになった。現在では、その何かはインフラトン（インフラトン場）と呼ばれている。そのような性質をもつ場ということで、真空のエネルギーともいわれるが、実体は不明である。

実は、現在の宇宙でも膨脹の速度が加速していることが明らかにされている。このことは一九九八年に観測された。この現在の宇宙の加速の原因も分かっていない。それは、ダーク（暗黒）エネルギーと呼ばれる未知のエネルギーによるものとされている。

このように、宇宙は、わけの分からないものに満ちている。現在の観測結果に基づくと、宇宙を満たしているのは、ダークエネルギーが七六・五プラスマイナス一・五パーセント、ダークマター（暗黒物質）が一九・四プラスマイナス一・五パーセント、そして我々が普通には物質と呼んでいるもの（それをバリオンと呼ぶ）が、四・一プラスマイナス〇・二パーセントである。我々に馴染み深い物質が、たった四・一パーセントというのは驚くべきことではないだろうか。

太陽系の現在

月面で得た俯瞰的視点は、人類が文明を築いて以来到達した最高高度からの視点である。多少大げさな言い方ではあるが、そのような俯瞰的視点から人類や文明の在り方を考えられるか否かが、今世紀を次の千年紀につながる世紀にしうるか、を決めるといっても過言ではない。

それでは月探査の結果、科学的にはどのようなことが明らかにされたのか？　それはその後の惑星探査の成果も含めて、惑星科学と呼ばれる新しい学問分野の誕生につながった。今でも、月の科学と呼ばれる、惑星科学の重要な一分野として、月から持ち帰られた岩石やレゴリス（固体太陽系天体の地表を構成する細粒の粉末状物質のこと）の研究が続けられている。

月探査の結果明らかにされたことは数多い。そのなかで特筆されることは二つある。ひとつはクレーターと呼ばれる地形が、隕石の衝突によって形成された地形であることが明らかにされたことである。その後の太陽系探査により、クレーターは火山地形と並んで固体太陽系天体の地表を彩る、最も一般的な地形であることが明らかにされた。その結果、衝突というプロセスが、火成活動と同様、太陽系天体の起源と進化を論じる上で、極めて基本的な物理、化学過程であることが示唆された。クレーター、あるいは衝突現象に関する科学は、今では惑星科学の重要な一分野となっている。

もうひとつ重要な成果がある。月はその形成直後、表面付近が融解していたことが明らかにされたことである。月の表面は、地球に面した表側と裏側とで異なる。表側には海と呼ばれる円形の黒っぽい部分が多く、裏側は高地と呼ばれ、無数のクレーターが穿たれた白っぽい部分から成る。海を構成する岩石は玄武岩と呼ばれる種類の岩石で、その形成年代は高地より若い。一方、高地を構成する岩石は斜長岩と呼ばれる種類の岩石で、その形成年代は四六億年くらい前まで遡る。斜長岩から成る高地は原始地殻と考えられており、その形成過程を考えると、月が形成当時、少なくとも地表付近三〇〇キロメートルくらいが融解していなければならないことが示唆される。

アポロ計画による月探査が行われた当時、月は太陽系形成時につくられた始原的天体と考えられていた。その探査の科学的目的という意味では、月が集まって地球になったという、当時の月探査の理論的指導者であり、重水素を発見してノーベル化学賞を受賞したハロルド・ユーレイの提唱した仮説の検証のため、月に行ったといえなくもない。従って、月が形成直後、マグマの海に覆われていたという発見は、予想を覆す大発見だったのである。この〝マグマの海〟仮説はまた、当時未解決の問題だった、地球誕生時の熱的状態が高温だったか否か、を決する重要な発見でもあった。月のような小さな天体の地表付近が融けるということは、それより大きな地球のような惑星の場合、当然もっと大規模に融けることを示唆していたからである。

月探査によって明らかにされたこの二つの発見は、その後の惑星探査によって再確認され、惑星科学という学問分野の構成の上でもその柱となるような重要な概念として定着している。それらの成果の上に、今、地球の起源と進化にも、ようやく科学的探求の手が伸びようとしている。地球の上にいるから地球のことはよく分かっている、と思われる方が多いだろう。しかしそうではない。手が届くほど近くにいても、全てが分かるわけではない。遠く、すなわち宇宙から地球を眺めることができ、初めて分かることも多いことを忘れてはならない。

比較惑星学

同じ宇宙といっても太陽系は、無数の銀河の分布を反映した宇宙の大規模構造や、星の誕生と死が繰り返される場である銀河に比べれば、ずっと身近に感じられる宇宙である。なぜならそれは、生起する自然現象や材料物質が、地球と共通する点の多い世界であるからだ。それはまた、折に触れて論じている、地球とはいかなる天体か、あるいは我々はどこから来てどこへ行くのか、という議論に、最も深くかかわる宇宙でもある。

大学、あるいは大学院で筆者が担当しているのは、比較惑星学と呼ばれる分野の講義である。人類のアポロ計画による月探査と前後して、太陽系天体の、飛翔体を用いた本格的な探査が始まり、太陽系天体およびその周辺の空間に関する探査の、膨大な情報が蓄積された。その結果、誕生した全く新しい学問分野である。それは太陽系というスケールの宇宙を論じる学問であるが、最近は、太陽系以外の惑星系が続々と発見され、銀河系にまでその対象は拡大している。

二〇世紀後半という時代はそれ以前に比べ、あらゆる学問が加速度的に発展した、例を見ない時代である。比較惑星学はそんな時代を代表する学問分野のひとつである。それは今も膨大なデータが現在進行形で蓄積されつつあり、それをひとつの知的体系として整理するのに決まった形式はまだない。筆者は以下のように整理している。①個々の太陽系天体の探査結果に基づくそれぞれの天体の科学、②地球科学ではこれまでそのような認識はなかったが、太陽系探査の結果、その重要性が明らかになった衝突現象の科学、③隕石や月面試料など地球圏外物質の科学、④探査に必要なリモートセンシング技術や測定技術など探査の方法論に関する研究、⑤以上を総合して太陽系の起源論、あるいは銀河系における系外惑星系の観測とその起源を論じる分野、そして⑥他の太陽系天体と比較した地球の起源と進化に関する研究である。

太陽系は惑星、衛星、小天体から成る。冥王星問題に関連して、第二部で惑星とは何かについてもう少し詳しく述べるが、要するに、太陽の周りをまわる大きな球状の天体を惑星という。その惑星の周りをまわるのが衛星で、更に太陽の周りをまわる小天体が数多く存在する。小惑星であり、エッジワース・カイパーベルト天体であり、彗星である。

地球は地球型惑星に分類される惑星である。地球型惑星とは、太陽系の内側を回る四個の小さな惑星のことで、そのなかで最大の惑星が地球なのでそう呼ばれる。その外側を回る四個の惑星は大きく、その組成も異なるので、特に大きな木星と土星を巨大ガス惑星、その外側をまわる天王星、海王星を氷惑星と呼んで区別する。

地球型惑星の特徴はその平均密度が普通の岩石より高いことにある。例えば、最も内側を回る水星の平均密度は五・四三g／㎤である。自らの重力で内部が圧縮され、縮んでいることを考慮して求めた材料物質の密度は五・三g／㎤で、地球のそれは四・一g／㎤であるから、材料物質を比較すれば水星は太陽系では最も重い物質からできていることになる。太陽系の元素組成から判断すると、材料物質が重いとは、金属鉄の含有量が多いことを意味する。地球の中心にはコアと呼ばれる金属鉄からなる部分が存在し、その大きさは地球の約半分であるが、水星はそれが全体の四分の三近いと推定される。なぜ水星は重いのか？　この問いは太陽系の起源と進化に関係する。

水星：太陽系で平均密度がもっとも高い惑星

水星がなぜ重いのか？　この問題はつまり、水星にはなぜ金属鉄が多く集まったのかという問題になる。これは惑星の形成過程の問題である。太陽系のような惑星系の形成過程についてここで簡単にまとめておこう。

星は分子雲（星間に漂うガスと塵が雲のように集まった部分）のうち、特に密度の高い部分（分子雲コア）が収縮して生まれる。その際、大部分のガスは中心部に集まる。しかし、分子雲コアがもともと自転しているために、全てが中心に集まるわけではない。その周辺に中心の塊（原始星）を円盤状に取り囲むようにガスと塵の雲が残される。これを原始惑星系星雲（太陽系なら原始太陽系星雲）と呼ぶ。

星の形成時には熱かった原始太陽系星雲は、その後冷却し、その冷却過程を通じてさまざまな鉱物粒子が凝縮する。それが惑星の材料物質となる。その詳細は省略するが、我々に馴染み深い物質でいえば、金属鉄、岩石、氷、そしてガスの四種である。ガスとはこの場合、太陽系程度の温度、圧力条件ではどんなに冷やしてもガスのままの、水素とヘリウムである。氷とは、水やメタンやアンモニア、あるいは窒素などの氷である。

個々の惑星の組成、内部構造は、これらの材料物質がどのくらい集まったかで決まる。地球型惑星は金属と岩石が、巨大ガス惑星は氷とガスが、氷惑星は氷が主として集まった。それぞれの物質の量比でいくと、金属、岩石、氷、ガスという順に多くなるから、ガス惑星は地球型惑星より遥かに大きくなる。また、それぞれの物質の凝縮する温度が異なるため、これらの物質の分布も異なる。太陽の近くは高温であるため金属、岩石が多く、外側は氷、ガスが多い。従って、内側に地球型惑星が位置し、外側に巨大ガス惑星、氷惑星が位置する。

材料物質が、太陽系というスケールで均質に分布するわけではないのは、原始太陽系星雲の温度分布を反映しているからである。中心の太陽に近い領域ほど温度は高く、遠ざかるほど温度が低い。このように考えると、水星がなぜ重いかという問題は、地球型惑星領域で集められる金属鉄と岩石との量比の問題ということになる。金属鉄と岩石の凝縮温度を比較すると、金属鉄のほうが高い。すなわち太陽に最も近い位置にある水星の軌道領域には、金属鉄がもともと多かったと推定される。

昔はこのように説明されていた。しかし、最近はもっと複雑なことが分かっている。地球型惑星の集積過程の研究が進み、水星の材料物質は水星領域からだけではなく、もっと広い領域から集められたことが分かってきたからである。その集積過程の最終段階に、その内部が分化した、月から火星サイズの大きな原始惑星が衝突し、中心のコアが合体し、まわりの岩石から成るマントルの大部分は砕き飛ばされ、水星が生まれたと考えられている。

水星に磁場が観測されるのは、この考え方と調和的である。磁場の発生はコアのダイナモ作用によると考えられる。コアのダイナモ作用とは、溶けた金属鉄の運動により磁場がつくられるメカニズムのことである。すなわち水星のコアは今も溶けていると考えられ、そうだとすると、太陽の近くで凝縮した金属鉄のみを集めたとする考え方では、説明できない。融点を下げるには何か不純物が混じっていなければならないからだ。

地球型惑星の集積過程

磁場の発生には、コアが融解していることが必要である。水星が重いのは、その軌道領域に高温凝縮物質である金属鉄が多い、という理由だけだとすると、熱史的にはコアは現在、固化していなくてはならないと予想される。

純粋な金属鉄の融点は高く、水星程度の大きさの天体では内部が、すぐその融点以下に冷えて、固化してしまう。コアの固化を逃れるためには、コアのなかに不純物が含まれていなければならない。不純物が含まれていると融点が低下するからである。その不純物として有力な候補と考えられている元素は硫黄である。金属鉄に硫化鉄が含まれていると都合がいいということだ。硫化鉄の凝縮温度は低く、従ってその凝縮領域は太陽から遠ざかり、火星軌道くらいまで広がる。

ということは、水星を形成したのは、水星軌道領域だけにあったものだけではない、ということになる。最近の考え方をもう少し紹介しよう。

地球型惑星の材料物質は、水星軌道から火星軌道まで広く分布する。それぞれの惑星はそれぞれの軌道付近のものをより多く集めるが、それだけではなく他の惑星領域に分布するものも集める。水星に特に多くの金属鉄が含まれているのは、微惑星の集積過程と呼ばれる、惑星の材料物質が集積する最終段階での衝突の結果ではないかと考えられている。その内部がすでにコアとマントルに分化した、特に大きな原始惑星サイズの微惑星同士が正面衝突し、金属のコア同士は延性的なため合体し、岩石から成るマントル部分は脆性的なため破壊されて吹き飛ばされ、少なくなったからだ、というふうに説明される。

惑星の形成段階の最後に、このように、原始惑星サイズの天体同士が衝突するというアイデアは、もともと月の起源に関連して提唱されたものである。このようなアイデアを「ジャイアント・インパクト説」という。月は、水星とは逆に、平均密度が地球よりずっと小さく、金属鉄の量が少ない。加えて地球・月系の角運動量（回転する物体の、その回転の強さを表わす物理量）は、他の惑星のそれより大きい。ジャイアント・インパクト説はこれらの特徴を説明する考え方として提唱された。月の場合には、水星とは逆で、吹き飛ばされたマントル部分が集まって形成されたと考えられている。地球が原始惑星同士の衝突で形成された際、吹き飛ばされた岩石のマントル部分の破片が地球の周囲に円盤状に分布し、それらが集まったと考えられている。

惑星の形成過程は、一般には、①原始惑星系星雲の冷却による鉱物粒子の凝縮、②凝縮した鉱物粒子の原始惑星系星雲中での赤道面への沈降（その結果、赤道面上に鉱物粒子の薄い層が形成される）、③その薄い粒子層の重力不安定による分裂、そして④その分裂の結果、形成される微惑星と呼ばれる無数の小天体の集積過程（この段階は微惑星の集積による月や火星サイズの原始惑星の形成、その後の原始惑星の集積による惑星の形成、という二段階から成る）――の四段階に分けられる。④の集積過程の進行は、それぞれの軌道領域で異なる。その違いを反映して、地球型惑星、巨大ガス惑星、氷惑星という個々の惑星の個性が形成される。

例えば、外側の領域では、地球型惑星と同様の過程を経て、氷惑星が形成される。しかし、氷の量が多いため巨大で重力が強く、周囲にガスが残っていればガスも集めてしまう。それが巨大ガス惑星である。しかし、その形成時間は外側の軌道ほど長くかかる。従って、天王星、海王星が形成された時にはすでにその周囲のガスは散逸し、氷の惑星のまま残ったというわけだ。

金星は地球の未来の姿

金星は地球のすぐ内側に位置し、その大きさ、平均密度も地球とそれほど変わらない。にもかかわらず、現在の表層環境は全く異なる。大気は二酸化炭素を主成分とし、その地表での圧力はおよそ九〇気圧、地表温度は摂氏四五〇度を超える。従って海は存在せず、地球のような大陸地殻も存在しない。もちろん生命も存在しない。磁場と呼べるような強さの磁場も存在せず、太陽から噴出する高速のプラズマ流である太陽風は直接、大気上層に吹きつける。

地表温度が高いのは、太陽に近いからというわけではない。硫酸の液滴《えきてき》から成る雲がほぼ一〇〇パーセント地表を覆い、従って七〇パーセントを超える太陽光は宇宙に反射され、地表に到達する太陽光は、地球でいえば雨の日に到達する程度しかない。従って、入射する太陽光量という意味では、もっと気温が低くてもよい。それにもかかわらず地表温度が高いのは、大気中に多量に存在する二酸化炭素による温室効果のためである。

材料物質もそれほど変わらず、大きさもほぼ同じであるのに、地球と金星の地表環境が現在かくも異なるのは結局、大気の量と、組成の違いによる。地球の大気圧は地表で約一気圧、その成分は八〇パーセントくらいを占める窒素と、二〇パーセントくらいの酸素から成る。一方金星は、ずっと大気圧が高く、組成も二酸化炭素を主とする。惑星の形成過程を考えると、初めから、大気の量や組成がこのように異なっていたとは考えられない。どちらも初めは似たような地表環境であったと推測される。では、どうしてその後かくも異なってしまったのだろうか。

惑星が形成される際、無数の微惑星の衝突を通じて形成される原始大気（衝突に伴う脱ガスにより形成）が、衝突の際解放されるエネルギーを大気の底に閉じ込め、形成時の惑星の地表は熱くなる。形成末期の惑星の地表はどろどろに溶け、マグマの海と呼ばれる状態になる。その上を覆う原始大気は、このマグマの海と化学平衡状態になると予想され、地球型惑星の材料物質から判断してその成分は、水蒸気に一酸化炭素、それに窒素が加わったようなものと計算される。

地球ではその後、水蒸気が凝縮して海となり、残った一酸化炭素が酸化され二酸化炭素に変わる。大陸地殻が生まれ、海が大陸物質によって汚染されて中和されると、二酸化炭素は海に溶け込み、大気は窒素を主成分とする現在の大気に近いものに変わる。一方金星では、太陽に近いがゆえに、大陸地殻が生まれる以前に海が蒸発し、大気中には大量の二酸化炭素が、そのまま取り残された、と考えられている。

現在の金星は地球の未来の姿でもある。太陽の輝き方は時代とともに変化し、次第に明るくなる。地球の場合、地表付近の構成要素がシステムとして機能する。そのためこの外的変化に応答し、地表温度を一定に保ってきた。しかし、いずれそのメカニズムも作用しなくなって大気中の二酸化炭素が少なくなった時、地球は金星への道を歩みはじめる。地表温度が上昇し、海が蒸発し、大陸はその過程で浸食され、炭酸カルシウムが分解され、大気中に多量の二酸化炭素が放出される。現在の金星は、地球の未来の姿なのである。

もっとも人類がその運命を変えることもありうる。地球に日傘をかけ、明るくなる太陽の効果を相殺すればよいからだ。ただし、現在のような人間中心主義的地球環境問題の認識を続ける限り、そんな発想は生まれはしないが。

二酸化炭素の温室効果について

惑星科学の成果が、人間圏をつくって生きる我々の活動に直接貢献することは少ない。その数少ない貢献のひとつが、二酸化炭素の温室効果についての知見である。

二〇世紀に惑星探査が始まる前まで、金星は太陽に近く位置するものの、厚い雲に覆われているため、地表に入射する太陽光は地球とそれほど変わらず、地表温度は高くないかもしれないと考えられていた。旧ソ連の科学者のなかには、金星は地球より若干小さく、従って進化も少し遅く、現在もまだ恐竜が繁栄しているかもしれないなどと、まことしやかに述べる人がいたくらいである。しかしその後レーダーを用いた観測により、地表の温度が高いことが明らかにされ、海はとても存在しえないこと、従って生命が存在する可能性はほとんどないことが判明した。

地表の明るさが地球の雨の日程度しかないにもかかわらず金星が熱いのは、二酸化炭素による温室効果の結果である。金星の大気の主成分は二酸化炭素である。しかも地表気圧にしておよそ九〇気圧。その温室効果を計算すると、その後観測された金星の地表温度とほぼ一致した。ということで、二酸化炭素の温室効果を自然界で確かめた最初の例が、金星についてなのである。

二〇〇一年一一月に来日し、東大で講演した宇宙論のスターであるホーキング博士も、地球の温暖化問題に関連して発言し、新聞報道によれば、人類がこのまま二酸化炭素の排出を続ければ、金星のようになる、と警告したそうだ。しかし、人類の二酸化炭素放出によって地球が金星化することはない。地球はシステムとして地球温暖化に応答し、その地表温度を下げるからである。この話と、金星が地球の未来の姿という話は、実際には全く関連のないことである。知らない人にとっては同じ論旨の話と思われるかもしれないが。話を直接聞いたわけではないので、博士がどのような脈絡でこのような話をしたのかわからない。しかし、人類がいくら二酸化炭素を放出しようと、現在の地球システムが機能する限り、地球は金星化しない。

すなわち、大気中の二酸化炭素が増え、地表温度が上昇すれば、地球はその変化に応答し、地表付近の二酸化炭素循環を通じて、大気中の二酸化炭素を減らすという負のフィードバック作用を働かせるからである。地球が人類の活動を通じて金星化するとすれば、それは二酸化炭素による温暖化ではなく、人類がたとえば大規模に太陽光発電を行うなどして、結果として今以上に太陽光を地表に流入させるか、あるいは核融合を実現し、第二の太陽を地表にもつかした時である。人類の二酸化炭素放出による地球の金星化は、惑星科学的にはありえない。

金星の地表

金星は空の全てが、硫酸の液滴からなる雲で覆われている。そのため、前述したように太陽の光の七〇パーセント以上が反射され、明るく輝く。地球からは〝宵の明星〟、あるいは〝明けの明星〟として、その雲の姿しか見ることができない。その地表はどのような姿なのか？光で見ることができないため、長い間いろいろと想像されてきた。海に覆われ、昔の地球の姿を留めているのではないか、と想像した科学者もいた。その全貌が明らかにされたのは、米国航空宇宙局（ＮＡＳＡ）のマジェラン探査によってである。

マジェラン探査は、雲によって反射される光のかわりに、雲を透過する電波によって地表の姿を見ようと計画された。探査機としては、電波の発信機と受信機を積んだだけの極めてシンプルなもので、その探査は一九九〇年から一九九四年にかけて実施された。その結果、金星の地表の九五パーセントを超える部分の姿が明らかにされた。金星に海が存在しないことは、その地表温度の高いことから推測されていたが、地形もまた、地球の海底のそれとは全く異なることが判明した。地球の場合、海底を特徴づける地形は二つある。ひとつは中央海嶺であり、ひとつは海溝である。中央海嶺とは、海底を横切る大山脈であり、海溝とは大陸の沖に、大陸と平行して海底を横切る深い谷である。

中央海嶺や海溝は、プレートテクトニクスと呼ばれる、地殻と地表付近のマントルの水平運動によってつくられる地形である。我々に馴染み深い褶曲《しゅうきょく》山脈などをつくる造山運動や、地震、火山活動などはすべて、このプレートテクトニクスに起因する。金星に中央海嶺や海溝のような地形が見られないことは、金星ではこのようなプレートテクトニクスが起こっていないことを示唆する。

大陸地殻の成長は、その縁での海洋プレートの沈み込みに伴って進行する。従って、地球的プレートテクトニクスがないことは、金星には大規模な大陸地殻がないことも示唆する。実際、これまでの金星地表物質の分析結果は、この見解を支持している。地形の高度分布の比較からも、このことは示唆される。地球のそれは、大陸地殻の平均的高度と海洋底の平均深度にピークを二つもつバイモーダル分布であるのに対し、金星のそれは平均半径の高度付近にひとつピークをもつだけのユニモーダルな分布だからである。

現在の金星の地表がいつ頃形成されたのか？　この問題に関して、地表に残されているクレーターの個数密度を比較するという、間接的な方法を用いて、答えが得られている。地球の最古の大陸地殻（約四〇億年前）よりはずっと新しく、最古の海洋地殻（約二億年前）よりは古く、五億～七億年くらい前である。金星はこのように、地球と比べ、大気が異なるばかりでなく、地形やテクトニクスも大きく異なる。このような比較を通じて、地球がなぜ地球なのか、その原因が推定できる。地球はその全ての構成要素が複雑に相互作用するシステムとして機能し、生命の惑星に至った特異な惑星なのである。

火星に水があった。生命は?

一九九六年のことだからもう忘れてしまった方も多いだろう。マーズ・パスファインダーという探査機のことを。ソジャーナーという小型の火星ローバー（探査車）が地表を動きまわり、岩石の化学組成を分析したりしている様子がテレビに映し出され、その何となく愛くるしい様子に感動した子供たちが多かったと聞いている。

ソジャーナーほど、ニュースにならなかったが、その後もひき続き、マーズ・グローバル・サーベイヤーをはじめ何機もの探査機が火星を訪れている。マーズ・グローバル・サーベイヤーはその名のとおり、火星の測量をするのが目的の探査機である。詳細な火星画像を撮影すると同時に地形図がつくられた。その探査機の撮影した画像に水の流れた跡が映っていたというニュースが報じられた。

火星の地表に水の流れた跡があったというニュースは、それ以前にもその後も、他の探査機の結果としてしばしば報道されているから、火星に興味のある人なら何を今さらという感じがするかもしれない。しかしそれが、地下の帯水層からもれ出して、最近形成された地形だとすると、これは大きなニュースなのである。最近の火星画像にはこの種のニュースが多い。なぜそれがニュースなのかといえば、今でも地下に、帯水層があるということが新しい重要な発見だからである。

火星の水について、もう少し詳しく最近の探査のあとを振り返ってみよう。マーズ・パスファインダーの探査により、その着陸地点が、大量の土砂が堆積した地形であることが明らかにされた。それは、洪水河床地形（アウトフロー・チャネル）と呼ばれる火星独特の地形の、河口付近に位置する。このことから、この地形は、例えばダムが決壊して一気に大量の水が流出し、その結果形成されたような地形であることが確かめられた。その流れた水の量は地中海の海水の量に匹敵すると推定されている。

そんな洪水河床地形が何本となく北半球の低地に流れ込んでいる（火星は南北半球でその高度が異なり、北半球は低地に、南半球は高地におおわれている）。その流れ込む水の量を推定すると、それは北半球を覆いつくすほどで、まさに海と呼ぶにふさわしい。マーズ・グローバル・サーベイヤーの探査の主目的のひとつは、この海の存在についての証拠を探すことにあった。このことについては、その詳細な地形の分析から、すでに結果が得られている。かつて海が存在したとすれば、そのなぎさに相当する海岸線の地形の高度が等高度面でなければならないが、実際にそうなっていることが明らかにされている。

現在の火星に海はない。かつて海があったとすると、その水はどこに行ってしまったのか？その水は火星の地表にしみ込んで、永久凍土のような形で取り込まれているのではないかと予想されている。その地下に取り込まれている水の存在を検証することも、マーズ・グローバル・サーベイヤー以降の探査の主目的のひとつである。

このようにして火星にかつて海があり、その水が今でも地下に液体の形で残っているとなると、火星にも生命がいるのではないかという期待が膨らむ。『ミッション・トゥ・マーズ』という映画では、火星にかつて存在したかもしれない高等知的生命体との遭遇が、テーマとなっていた。火星への巨大隕石の衝突により絶滅に瀕した高等知的生命体は、宇宙へと移住する。その際、一部をＤＮＡの形で地球にばらまいていく。それが今から五億年くらい前のカンブリア紀の生物進化の大爆発につながる、というのが話のオチなのだが、それは少々荒唐無稽にすぎるというものだ。

火星に生命が誕生したとしても、それが高等知的生命体へと進化するのはむずかしい。進化には長い時間がかかり、火星の海はそれを可能にするほど長く存在していないからである。私がシナリオを書くなら全く逆で、次のようになる。地球への巨大隕石の衝突（例えば、六五〇〇万年前）により、地球から地表物質が吹き飛ばされる。それは地球隕石ということだが、そのなかには微生物が含まれている。その地球隕石が火星に衝突し、隕石中の微生物を火星の地下に埋め込む。微生物は地下の帯水層のなかで生き延び、知的生命体へと進化する。そのような生命体が将来発見されれば、その進化の歴史は遺伝情報を解読することで得られる。従って、このシナリオに「ＤＮＡは愛のメッセージ」というタイトルをつけたことを覚えている。

火星探査

現在でも数多くの探査機が火星の探査を続けている。例えば、二〇〇三年六月に、二機の探査機が相次いで打ち上げられた、欧州宇宙機関（ESA）のマーズ・エクスプレスと、NASAのマーズ・エクスプロレーション・ローバーである。それぞれカザフスタンのバイコヌール基地、マイアミ州のケープカナベラル基地から打ち上げられた。惑星探査機の打ち上げは、かつては珍しかったこともあり、そのたびに大きく報じられていた。しかし、昨今はほぼ毎年の恒例行事であるので、扱いも地味である。しかし、このニュースは珍しくマスコミに大きく報じられた。マスコミが特にこのニュースに注目したのには、理由があった。

火星は地球の外側の軌道を六八七日かけて一周し、その内側を回る地球はそれより早く一周する。そこで七八〇日ごとに地球が火星を追い越すことになる。すなわちほぼ二年二カ月ごとに両天体は接近することになり、その機会を捉えて一九九〇年代後半から、火星探査機が何回となく打ち上げられている。二〇〇三年はその追い越すときの距離が、約六万年ぶりといわれるくらい歴史的に、超大接近したのである。二〇〇三年八月二七日に約五五七六万キロまで近づき、そのとき火星の明るさはマイナス二・九等まで明るくなった。そこでその頃いろいろとイベントが計画され、マスコミがこの打ち上げのニュースを報じた。

二一世紀になってからの火星探査について、簡単に紹介しておこう。マーズ・オデッセイは二〇〇一年四月七日に打ち上げられ、同年一〇月二四日に火星に到達し、以来その周囲をまわりながら、地表付近の水の分布、気候、地質、そして将来の有人探査の準備として、周囲の放射線環境を調べた。二〇〇四年一月マーズ・エクスプロレーション・ローバーが火星に到着し、ローバーを地表に降ろし観測を始めると、そのデータを受信し地球に送信する役目も担った。

マーズ・オデッセイ以前から、火星の周りをまわって、地形や高度の詳細な観測を行っているマーズ・グローバル・サーベイヤーという探査機については既に紹介した。その画像データによると、火星の地表にはつい最近まで、液体の水の流れたような跡がいくつも確認されている。マーズ・オデッセイは、その水が地表付近にどのように分布するか、それを物質として直接観測するのも主たる目的であった。

マーズ・エクスプロレーション・ローバーは、地表にローバーを降ろし、当初の計画では何カ月かにわたって着陸地点付近の風景と地形、岩石や土壌に含まれる鉱物を直接観測する計画だった。このローバーは一日あたり一〇〇平方メートルの地域を探査する能力がある。これはかつてマーズ・パスファインダーのローバー（ソジャーナー）が、三カ月間にわたって調査した面積に相当する。従って、その数カ月間の探査で調査できる範囲は格段に広がる。実際には当初の予定に反し、その調査は今でも続いている。二〇〇七年の「月惑星科学会議」でも、その活動状況が報告された。

マーズ・エクスプロレーション・ローバーの場合、その着陸地点は、一号機が南緯一四・七度、西経一八四・五度にあるグセフ・クレーター、二号機は南緯二・二度、西経一・三度にあるメリディアニ・プレヌムである。どちらも、かつてはそこに水のたまっていた湖のようなところで、火星生命の証拠を探すという意味では極めて興味深い地点である。

マーズ・エクスプロレーション・ローバーによる探査の最大の科学的成果は、地球以外では初めて、堆積岩と呼ばれる種類の岩石の存在が確認されたことである。堆積岩の形成には、温暖で湿潤な環境が不可欠である。もっと具体的には、水の流れる環境が必要である。実際に堆積岩に残された堆積の様子から、そのことが推定された。

更に興味深いのは、堆積岩中に無数に散在するヘマタイトの球粒の存在である。それはその形成条件から、その付近の火星環境が大量の水の流れる状態にあったことに加えて、酸化的に変わったことを示唆しているのだ。

マーズ・エクスプレスも同様にローバーを地表に降ろし観測する予定だったが、これは失敗した。しかし周回衛星は今でも火星の周りをまわり、詳細な画像を送り続けている。

新たな火星探査機が訪れるたびに、より詳細な画像データが得られる。局所的に詳細な画像を得ることは、それなりに重要な成果だが、何か本質的な認識の変化をもたらすことは稀である。例えば、マーズ・エクスプレスなどの詳細な画像によって得られた新しい知見としては、二次クレーターの成因についての手がかりが得られたことが挙げられる。

火星環境と生命以外の大きな問題に対する火星探査の最近の成果といえば、火星の南北半球の非対称性について、その成因に迫る探査結果が得られつつあることが挙げられる。隕石重爆撃期（後述）の隠された痕跡が発見されたり、地殻の厚さに関する情報が新たに得られ、非対称性についての議論が活発化している。

小惑星が地球に衝突する日

二〇〇二年六月一四日、小惑星2002MNが、地球に一二万キロメートルまで接近した。この距離は地球の直径の一〇倍くらいだから、宇宙的な距離感覚では、かすって通り過ぎたといっても過言ではない。地球に接近する小天体の本格的観測は一五年くらい前から始まった。その過去一五年ほどのニアミス・ランキングでも、この接近距離はトップ10に入る。ほんのちょっと軌道が違えば、その当時日本と韓国で開催されていたワールドカップに沸いていた人類に、大惨事が引き起こされたかもしれない。発見されたのは、最接近の三日後、六月一七日だったから、衝突が起こったとすれば、ある日突然原因不明の大爆発に見舞われるようなものである。

この小惑星の大きさは直径一〇〇メートルくらいと推定されている。一九〇八年に、シベリア・ツングース上空で天体が大爆発したが、その衝突天体の大きさに近い。ツングース爆発では、衝突天体は大気中で爆発し、その衝撃で付近の森林、約二二〇〇平方キロメートルがなぎ倒された。衝突天体の大きさが同じでも、小惑星と彗星とでは地球に衝突したときの爆発のしかたが異なる。その内部構造が異なるからだ。ツングース爆発は彗星の衝突によると考えられ、従って大気中で爆発した。小惑星の場合、小さくなければそのまま地表に衝突する。陸地に衝突したら、地表には直径一キロメートルを超えるクレーターが形成され、海に落ちたなら、津波が発生し、衝突地点から一〇〇キロメートルの地点の海岸でも津波の高さは三〇メートルを超えるだろう。沿岸では津波の波高はもっと高くなる。

このような地球接近小惑星の地球近傍通過は、しばしば起こっており、地球接近小惑星のサイズ分布や、過去の天体衝突の記録などを基に、地球に天体が衝突する確率を推定することができる。一〇キロメートルサイズの天体の場合、その衝突頻度は数千万年から一億年に一回くらい、一キロメートル程度の場合は数十万年に一回くらい、一〇〇メートル程度だと数百年に一回くらいとなる。現在知られている地球接近小惑星のうち、近い将来地球と衝突する確率の最も高いのは小惑星1950DAである。

この小惑星は今から五〇年以上も前の、一九五〇年二月二三日に発見された。発見後しばらくして見失われ、その後二〇〇〇年一二月三一日に再発見され、軌道の詳細が決定された。二〇〇一年三月には地球に七八〇万キロメートルまで接近し、そのときの観測から大きさが約一・一キロメートルと判明した。この小惑星はときどき地球に接近する。その詳細な軌道計算を行ったNASAジェット推進研究所のグループによると、二八八〇年三月一六日の接近時には、地球に衝突する可能性があるという。彼らによるとその確率は〇・三パーセントという。〇・三パーセントという数値は、この種の確率としては異常に高い。

一キロメートルサイズの小惑星の衝突が起こると、人類には大きな影響が出る。その衝突エネルギーは、かつて冷戦時に米ソが保有していた核弾頭の全てを同時に爆発させたエネルギーに匹敵し、当時騒がれた〝核の冬〟と呼ばれるような気候変動に見舞われるからである。もっとも環境問題をはじめとするさまざまな文明の問題に直面する人類が、九〇〇年先の未来のことを心配してもしかたないかもしれない。ただし、万が一その頃まで現在の文明が存続していたとすると、この衝突を千年紀末のハルマゲドン（世界終末決戦）として、ノストラダムスの予言に結びつけ大騒ぎしているであろうことは確実に予想できる。

太陽系の小天体

地球に小天体が衝突する頻度は天体の大きさによる。小さければ小さいほどその頻度は高くなる。小さい天体ほど、数が多いからだ。地球に衝突する小天体として、具体的には、小惑星と彗星が知られている。その衝突時の衝撃の違いについてはすでに触れたが、小惑星と彗星では何が違うのか？

彗星はほうき星ともいわれ、太陽に接近すると急に明るく輝き、長い尾をたなびかせる。この瞬間から我々は肉眼でも天空に、彗星の存在を確認できるようになる。小惑星はそのような変化を示さない。

この違いは、それぞれの天体の、構成物質の違いによる。彗星は蒸発しやすい（揮発性という）、氷のような物質に富む。従って、彗星の本体ともいえる氷の核が太陽に接近し、その温度が上昇すると、揮発性物質である氷が蒸発し、明るく輝く。蒸発したガスの部分はコマと呼ばれ、場合によっては地球くらいのサイズにまで広がる。また彗星核には、それが〝汚れた雪だるま〟と形容されることからも推測されるように、氷にまぶされたような格好で多量の塵が含まれている。氷が蒸発する際、これらの塵が吹き飛ばされ、太陽の光の圧力を受けて、太陽と逆の側にたなびく。これが彗星の尾と呼ばれる部分だ。

太陽系を構成する物質は、非常に単純化していえば、金属と岩石と氷、それに太陽系空間の条件ではガスのままの、水素とヘリウムである。金属と岩石のように蒸発しにくい物質は、太陽の近くの、温度の高い領域でつくられ、逆に、蒸発しやすい氷に富む物質は、太陽から遠く離れた、冷たい領域でつくられる。実際、金属や岩石から成る天体は太陽の近くに、氷やガスからなる天体は遠くに存在する。小天体も同様である。

小惑星は、木星と火星の間に位置する小惑星帯に、無数ともいえるくらい分布し、氷に富む彗星やそれに似た天体は、冥王星の外側に位置するエッジワース・カイパーベルトと呼ばれる領域に数多く分布する。もっとずっと遠い（一〇万天文単位くらい）太陽系の外縁部には、オールトの雲と呼ばれる長周期彗星（太陽への接近の周期が二〇〇年以上）の巣も存在する。従って、軌道の上でも小惑星と彗星は区別できる。例えば、軌道長半径や、離心率（円からのずれの程度）、軌道面傾斜角で表されるある変数（チゼランド不変量）が、三以上だと彗星、未満だと小惑星である。

実際に地球と衝突する可能性のある小天体は、ＮＥＯ（地球接近天体）と呼ばれる小天体である。しかし、これらの天体が小惑星起源か、エッジワース・カイパーベルト起源かは、本当のところはよくわからない。彗星は太陽に接近するたびに蒸発を繰り返す。揮発性成分を失った、干からびた彗星がNEOになってもおかしくないからだ。我々が地球の上で回収できる唯一の太陽系物質である隕石も、地球に衝突する前の軌道を推定してみると、NEOと一致する。従ってその起源も、NEOと何らかの関係があるはずだが、詳細はまだよくわかっていない。

最近は、彗星の探査も頻繁に行われている。例えば、ディープ・インパクトと呼ばれた探査では、探査機の一部を彗星に衝突させ、その衝突の様子を通過する探査機から観測した。衝突速度は秒速一〇キロメートルくらいで、天体の衝突を宇宙空間で実際に再現することと、彗星の組成、内部構造を調べることが目的であった。その結果、彗星表面に微粒子の層があることが確認されている。その他、彗星のサンプルを回収し、地球に持ち帰る、スターダスト計画という探査も行われている。これらの探査の結果、彗星が〝汚れた雪だるま〟というモデルは大枠では確認されている。

天外天からの贈り物

著者の勤務する大学の近くに、「天外天」という名の中華料理屋がある。知人からその店の評判を聞いて最初に行ったとき、この店の名前に興味をもち、店の人にその意味を尋ねた。天とは中国では空のことだという。従って、天外天は空の外側の空ということだから、普通にイメージされる宇宙を意味するとのことであった。宇と宙というそれぞれの漢字の意味を辿れば、宇宙とは時空を意味することになる。従って、我々が普通に使用するときの、空間的な意味での宇宙というなら、天外天の方がすっきりする。というわけで以来折に触れ、この用語を用いている。

では、天外天からの贈り物とは何か？　隕石である。天外天から飛来し、地球に降ってくる石が隕石である。

隕石が天、すなわち空から降ってくる石であることは、かなりの昔から知られていた。世界各地で、隕石を聖なる石、あるいはご神体として祭ったり（それはキリスト教の教会でも、イスラム教の聖地メッカでも、あるいは日本の神社でも共通に見られる）、その故事来歴などに言い伝え、あるいは記述が残されていることからも、それは推測される。しかしそれが天の外、すなわち天外天から飛来すると広く一般に認識されたのは、そんなに昔のことではない。二〇世紀のことだと思っても、それほど大きな間違いはない。

隕石は天外天から降ってくる石だが、太陽系に起源をもつ石である。太陽系の外、銀河系空間から飛来するわけではない。太陽系天体の探査が進み、無人であれ有人であれ、それぞれの太陽系天体から物質が採取され、地球に持ち帰れる日がくるまで、隕石は、我々がコストを払わなくても手に入れることのできる、唯一の太陽系物質である。それは、小惑星のかけらであったり、月や火星のかけらであったりする。融けて固まったものもあれば、その形成以来いちども融けたことのないものもあるし、鉄・ニッケル合金もあれば、地球の石と変わらないものもある。その種類はさまざまである。

その分類のしかたはいくつかある。例えば、成分に基づいて分ければ、鉄隕石、石鉄隕石、石質隕石となる。そのなかで、始原物質がいったん融けてつくられたものとそうでないもの（始原物質のまま）とに分けると、鉄隕石と石鉄隕石は融けたもの、また石質隕石のなかでエコンドライトは融けたもの、コンドライトは融けていないものである。そのうえそれぞれ分けられたなかで、成分や形態や岩石学的特徴に応じて更に細かく分けられる。鉄隕石は主として鉄・ニッケル合金から成り、地表の岩石とはすぐに区別される。石鉄隕石も半分くらいは鉄・ニッケル合金なので同様である。エコンドライトは地球上で見かける火成岩、すなわち溶岩の固まったような石なので、区別することはむずかしい。コンドライトは、コンドリュールと呼ばれる数ミリからセンチサイズの球粒を含む。それを含む石というのがコンドライトという英単語の意味である。コンドライトにも鉄・ニッケル合金が含まれるので、その表面をよくよく観察すれば、地表の岩石と区別できる。月や火星から飛来した隕石はいずれもエコンドライトと分類される隕石に属する。ベスタのように分化した大きな小惑星から飛来するものも同様である。

鉄隕石は、鉄・ニッケル合金からなる隕石だ。しかし合金といっても、現在の高等技術文明をもつ人類でも、まだつくれない、不思議な構造をもつ。それは一〇万年、あるいは一〇〇万年かけて摂氏一度というくらいゆっくり冷やさないとできないもので、ウィッドマンシュテッテン構造と呼ばれる。鉄隕石をみがくと現れる交叉模様の特殊な構造である。エコンドライトや鉄隕石などは、材料物質が融けてつくられた隕石だから、母天体の中で分化がいつ、どのようにして起こったのかという情報を含んでいる。一方、なんとかコンドライトと呼ばれる種類の隕石は、これまで一度も融けたことがない。従って、その石を構成する個々の鉱物がいつ、どのようにつくられたか、すなわち、原始太陽系星雲が冷えて、それぞれの鉱物が凝縮した時の情報が保存されている。隕石は太陽系の起源と進化を記録した〝ロゼッタストーン〟（古代エジプト文字解読の手がかりとなった石）のようなものなのである。

　太陽系で最古といわれる物質は、アエンデ隕石と呼ばれる、炭素質コンドライトのなかに含まれている。この隕石は一九六九年二月にメキシコのアエンデ村に落下した。これには大きいものだと数ミリメートルを超える白色包有物という物質が含まれているが、その形成年代を求めると、四五億六六〇〇万年前となる。この物質が太陽系物質では最も古い。そこで、この年代が太陽系元年として用いられている。

　一般に、炭素質コンドライトは太陽系で最古の物質と考えられている。それはミリメートルサイズの白色包有物とコンドリュールという二つの物質から構成されている。コンドリュールという物質もまた、白色包有物と変わらないくらい古い物質である。白色包有物の形成から一〇〇万年以内に形成されたことが分かっている。白色包有物とコンドリュールの隙き間をマトリックスと呼ばれる細粒の物質が埋めているが、最近の研究によると、マトリックスも細粒の白色包有物とコンドリュールから成るようだ。そうだとすると、白色包有物とコンドリュールという粒子が太陽系で最初に凝縮した物質ということになり、それらが集まって隕石の母天体が形成されたことになる。

新種の隕石

現在のように六六億人を超える人が地球に住むようになると、これまでは稀であると思われていた現象でも、頻繁に目撃されるようになる。そのひとつの例が火球である。大気圏で明るく輝く火の玉が目撃されたり、それとともに大音響が聞かれたりすることがある。このような現象の後、多くの場合には、その付近で隕石の破片が回収されたりする。従って、火球とは、隕石の大気圏突入に伴う現象と理解されている。

最近の有名な例としては、二〇〇〇年一月一八日のカナダの例が挙げられる。現地時間午前八時四三分（一六時四三分：世界時）、異常に明るく輝く火球が、カナダ北西部で目撃された。この火球は米国の軍事衛星に搭載された赤外線および可視光センサーにも記録され、その閃光エネルギーは、一一兆ジュールと推定された。これまでの例によると、隕石の地球大気圏突入に伴い、その運動エネルギーの五〜一〇パーセントくらいが光のエネルギーに変換される。従ってこの火球の運動エネルギーは約一〇〇〜二〇〇兆ジュールと推定される。

この火球の目撃証言は七〇を超え、さらに二四枚の写真、五本のビデオが撮影されていた。それらの情報を基に、この火球の原因である隕石の、地球大気圏突入時の速度、質量、突入前の軌道が推定されている。それによると、速度としては秒速一五・八キロ、質量は約二〇〇トン、その軌道としては、いわゆるアポロ群小惑星（地球軌道を横切る小惑星）に近い軌道が推定された。具体的には、軌道長半径が二・一天文単位、離心率が〇・五七、軌道面傾斜角が一・四度、近日点、遠日点がそれぞれ〇・八九一天文単位、三・三天文単位である。

隕石の破片は一週間後の一月二五日、ユーコン・テリトリーとブリティッシュ・コロンビアの境界付近の、凍結したターギッシュ湖で発見された。発見された隕石破片は、素手で触れることなく、氷点下の温度を保ったまま回収され、プラスティックの袋に収められ、分析に回された。この隕石は落下地点の名を冠して、ターギッシュ・レーク隕石と呼ばれる。その後、四月二〇日から五月八日にかけて本格的な調査隊が組織され、凍結した氷の上、あるいは水中で計四一〇個の破片が回収されている。

隕石の密度は、一立方センチメートル当たり一・五グラム前後と、隕石の中でも最低である。従って突入前の隕石の大きさは、球とすれば直径が四〜六メートル程度と推定される。隕石の種類としては炭素質コンドライトと分類された。そのなかでさらに近いものはというと、CMあるいはCIと分類されるものに近い。実際にはCMとCIの中間に分類されるような、これまでには発見されていない新種である。軌道の遠日点である三・三天文単位付近には、その反射スペクトルからC型、D型、P型と分類される小惑星が分布するが、この隕石はD型によく似た反射スペクトルをもっている。

その後分析が進み、いろいろなことが明らかにされた。そのなかで特に重要なのは、この隕石がこれまで発見された隕石のなかでも、最も始原的なもののひとつであることだ。例えばこの隕石には、炭素が多く含まれ、その総量は五重量パーセントを越え、隕石中最大である。加えて全体のなかで、プレソーラー粒子と有機化合物が占める割合は一・三重量パーセントと高い。プレソーラー粒子というのは、太陽系天体を生む母体である太陽系星雲ガスが、まだ銀河系のなかで分子雲として存在していた頃から、そのまま残っている粒子のことである。

なんといってもこの隕石が注目されているのは、そのなかに奇妙な粒子が含まれているからである。中心は空洞で、その周りはアモルファスな炭素からなる膜が覆っている。それは有機質の星間塵と似ていることが指摘されている。炭素や窒素や水素、酸素などから成る物質を弱アルカリ性緩衝溶液中に混合し、それに紫外線を当てると、膜構造をもつ複雑な有機分子が形成される。そのような物質に似ていることから、この隕石のなかの、粒子の起源としては、それと似た形成過程が考えられている。

あるいはまた、次のようにも考えられている。かつて生命の起源として、原始海洋の生命のスープを模した実験室で合成された、マリグラニュールと呼ばれた物質がある。それは細胞の原初形態ではないかといわれる構造体だが、それにも似ている。我々は地球生命の細胞につながる、原初の有機構造物を手にしているのかもしれない。

太陽系の〝夜明け〟の探査

毎年三月の第三週には、米国ヒューストンにおいて、「月惑星科学会議」が開催される。アポロ11号によって月面物質が持ち帰られた一九六九年に第一回が開かれて以来、途絶えることなく開催されている。

この学会では、毎年新しい探査結果が報告される。それに関連したセッションに注目が集まるが、最近はほぼ二年おきに火星探査が続いているので、ここ何年かは火星関連のセッションがやたらに多い。米国の場合、現在進行形のプロジェクトに重点的に研究費が出るので、研究発表の数もそれに比例する。土星やその衛星を探査するカッシーニ、ディープ・インパクト、日本の「はやぶさ」、あるいは彗星物質を回収して戻ったスターダストなどのセッションもある。ここでは少し視点を変えて、将来の小惑星探査をとりあげたい。二〇〇七年に打ち上げ予定のDAWN探査である。

Dawnは、英語で〝夜明け〟を意味する。太陽系の〝夜明け〟を解明しようということで命名された探査計画である。火星と木星の間には無数の小惑星が分布する。その小惑星帯のなかで最大のセレス（直径約一〇〇〇キロメートル、平均密度約二・二g／cm^3）と、二番目に大きいベスタ（直径約五二〇キロメートル、平均密度約三・七g／cm^3）を探査しようという計画である。予定では二〇一一年にベスタに、一五年にセレスに到着し、それぞれの小惑星の周りを六〜九カ月間周回し、その地表を調べる。

これまでにも、小惑星帯に位置する小惑星の探査は何度か行われている。しかしそれらはいずれも、それより外側に位置する惑星の探査の途中、探査機が小惑星帯を通過するので、ついでにそれを探査するという程度のものが多かった。近くを通過しながら探査する、いわゆるフライバイという段階の探査である。周回軌道上からの、小惑星帯のなかでも特に大きな小惑星の詳細な探査は、これが初めてである。

ただし、小惑星帯の小惑星でなければ、その周りをまわる周回軌道上からの探査も、すでに行われている。二〇〇〇年から〇一年にかけて実施された、NEARシューメーカーと呼ばれる探査がそれである。その結果、地球に接近する小惑星であるエロスの、その地表の詳細が明らかにされた。日本の「はやぶさ」も同様である。

セレスとベスタの探査がなぜ太陽系の〝夜明け〟の探査なのか？　その理由を知るには、セレスとベスタがどんな天体なのかを知らなくてはならない。この両天体はあらゆる意味で対照的である。セレスはその形成以来、一度も融けた形跡のない、始原的で、従って水など揮発性物質に富むウエットな天体であるのに対し、ベスタは地表が熔岩で覆われ、内部はマントルとコアに分化した、ドライな天体である。両天体ともその形成時に、現在のような特徴が形づくられて以来、そのままの状態を維持していると考えられている。従って地球型惑星ではその痕跡がすでに消し去られたような形成過程の情報を、そのまま保持していると考えられる天体なのである。そういうわけで太陽系が現在の姿になる前の、〝夜明け〟の段階の探査という意味で命名された。

セレスを母天体とする隕石は、まだはっきりとは特定されていないが、ベスタに関しては、その地表から放出されたと考えられる隕石が、何種類も特定されている。いわゆるエコンドライトと分類される隕石のうち、ハワルダイト、ユークライト、ダイオジェナイトという種類のそれぞれの頭文字をとって、HEDと総称される隕石群である。ベスタからのサンプルリターーン・ミッションは当然まだ行われていないが、我々はすでにそれらを手にしているともいえるのである。

最小の地球型惑星、ベスタ

太陽系の〝夜明け〟の探査について紹介したが、日本でも二〇〇三年、「はやぶさ」が打ち上げられ、小惑星イトカワからの、初のサンプルリターン（二〇一〇年六月予定）をめざしている。ただしこの計画で標的とする小惑星は、太陽系の〝夜明け〟の探査が標的にするような、特別に意味のある小惑星ではなく、ありきたりの小惑星のひとつである。大きさも五〇〇メートル程度とかなり小さい。単に探査技術として、サンプルリターンという技術の獲得と、地上でのそのサンプル処理システムの確立が、その探査の主たる目的だからである。

太陽系の〝夜明け〟の探査で標的とする小惑星のひとつがベスタである。ベスタは直径五二〇キロメートルと小さいにもかかわらず、その内部が分化していると考えられており、地球型惑星と同様な内部構造をもつ天体としては、太陽系で最も小さな天体である。すでに述べたが、地球と似た地表と、内部構造をもつ惑星のグループを地球型惑星と呼ぶ。巨大ガス惑星と比べればはるかに小さいが、平均密度は岩石のそれより大きい。その内部構造は、中心に主成分として鉄から成るコア、その周りを岩石質のマントルが取り囲み、地表を地殻が覆っている。初めは一様だった内部が、その後の進化の過程で、重い物質は中心に沈み、軽い物質は表面に浮かび上がりというように物質の移動が起こり、このような構造がつくられたと考えられている。このような密度成層構造を「重力的に分化している」という。

ベスタは地球のミニチュアという意味では、月よりずっと小さいにもかかわらず、地球に似ている。推定される構造は、その中心に半径の半分近くに達するかもしれない金属鉄のコア、その周りに橄欖《かんらん》石や輝石から成るマントル、そして地表を数十キロの厚さの玄武岩地殻が覆うというもので、それはまさにミニ地球と呼ぶにふさわしい。

ベスタは一八〇七年に、ドイツ、ブレーメンのハインリヒ・オルバースによって発見された。小惑星としては発見が四番目だったので、名前の前に4という番号がつく。その軌道は楕円で、太陽からの平均の距離は二・三六天文単位、離心率は〇・〇九、軌道面傾斜角は約七・一度である。その形は三軸不等楕円体と表現される。直交するそれぞれの方向の半径が、二八〇キロメートル、二七二キロメートル、二二七キロメートルと異なる。平均密度は約三・七g／㎤である。

ベスタは小さく、地球から遠くにある天体なのに、なぜその内部が分化し、しかもその内部を構成する物質まで推定できるのか？　それは前にも述べたように、ベスタから飛来したと考えられるＨＥＤ隕石が存在するからである。これらの隕石は、次のように考えられている。他の小惑星との衝突により、ベスタの地殻、あるいはマントルの一部までが破壊され、それらを構成していた岩石の一部が周囲に吹き飛ばされ、その破片が隕石として地球に衝突したというのである。ベスタの地表の詳細も、ハッブル望遠鏡から観測される。ベスタは、火星や金星と同様なレベルで、その起源と進化が語られている、唯一の小惑星なのである。

系外惑星系

我々は宇宙で孤独な存在なのだろうか？　この問いに答えるためにはまず、我々の住む地球以外に、地球のような水惑星がこの宇宙にどのくらい存在するかを知らなくてはならない。というのは、生命の起源と進化に関しては残念ながらまだよく分かっていないものの、少なくとも状況証拠に基づく議論としては、その誕生と進化にとって、海の存在は必要条件であることがはっきりしているからである。生命を構成する元素組成を比較すると、宇宙や地球や地殻ではなく、海の元素組成に近い。しかし宇宙といっても、実際に調べられるのはとりあえず銀河系のなかの、太陽の近くに位置する星についてである。現在第二の地球探しの、いろいろな計画が提案され、その探査が本格的に始まろうとしている。

その背景には最近、いわゆる「系外惑星系」と称される天体の発見が相次いでいることが挙げられる。銀河系のなかで太陽系に近い他の星の周りに、かなりの確率で巨大ガス惑星が存在することが明らかにされている。太陽系以外の、他の星の周りの惑星系のことを系外惑星系と呼ぶ。現在までに発見された系外惑星系は二〇〇を超える。ただし惑星系といっても、太陽系と同じということではない。これまでに発見されている系外惑星系の惑星はいずれも、太陽系でいえば木星に似た巨大ガス惑星ばかりで、地球型惑星は発見されていなかった。ところが二〇〇七年四月二四日、スイス、フランス、ポルトガルの国際研究チームが初めて、地球と似た惑星を発見したのである（詳細は「あとがき」で述べる）。

ただし、発見が少ないからといって地球型惑星の存在確率が非常に低い、というわけではない。現在の観測方法では、観測可能な惑星が、太陽系でいえば木星領域より内側に位置し、その質量が、木星の一〇分の一より大きい惑星に限定されるからである。すなわち、地球型惑星がたとえ存在したとしても、まだ検出できない。そのような観測方法と精度だから観測されていない、というだけのことである。

系外惑星系の観測にはいくつかの方法がある。例えば星の周囲を、かなり大きな惑星がまわっているとしよう。この場合、星も自分自身だけの重心ではなく、惑星との重心の周りをまわることになる。すると星は我々から見て、わずかではあるが近づいたり、遠ざかったりする。このように運動する星からの光は、ドップラー効果と呼ばれる現象を示す。すなわち、観測者に近づくときには青っぽい光として、遠ざかるときは赤っぽい光として観測される。このような変化を観測して、周囲に惑星があるかないかの判断をするのが、現在最も一般的な、系外惑星系の観測方法である。あるいは、惑星が公転しているのを、運よく、横から観測しているような位置状況なら、惑星が星の前を通り過ぎる時、星の光を遮断してその明るさが変化するので、それを観測すればいいということになるが、この方法はまだ限られる。

観測から求められるのは、惑星の質量とその公転軌道である。ただし惑星の公転面が我々の視線方向に対してどのくらい傾いているかはわからない。従ってその傾きは未知のパラメーターとしてそのまま観測結果に含まれる。現在までに知られている系外惑星系の惑星の軌道を、太陽系のそれと比較すると著しい違いがある。太陽系の場合それはほぼ円軌道なのに対し、系外惑星系のそれは、円軌道から大きくずれているものが多いのである。このような軌道は一般的には安定ではない。すなわち、惑星系の寿命としては短いということになる。太陽系の特徴は、惑星が惑星として存在する寿命の長さにあるのかもしれない。そしてそれが生命の進化にとって必要な条件でもあるのである。

地球はどんな惑星か

世界がいつ始まったのかという問いは、人類の知的好奇心のなかでも、最も根源的なもののひとつである。本書も宇宙の年齢に関する章で、関連する議論を紹介した。宇宙はビッグバンにより誕生し、それは今から約一五〇億年前のことであるとされてきた。この場合一五〇億という数値は、一般的な啓蒙の場で、標準的な数値として用いられるが、それほど厳密な値ではない。一三〇億から一六〇億という程度の曖昧さを含んでいる。最近では、さまざまな観測結果をまとめて、NASAが一三七億年という数値を与えている。

宇宙に比べれば地球の年齢は、ずっと精度よく推定されている。それは前にも述べたように、放射性元素の崩壊という原理が利用できるからだ。地球の材料物質には、放射性元素という種類の元素が含まれている。放射性元素とは、放射能を出して別の元素に崩壊していく元素のことである。その崩壊という現象は、個々の原子というレベルではランダムであるが、鉱物に含まれる量というレベルになると、統計的には、ある一定の時間が経つと元の量が半分になるような規則性がある。半分に減るまでの時間ということで、この時間のことを半減期という。放射性元素の種類により、この半減期はそれぞれ異なる。しかしいずれにせよ、元の量と現在の量と半減期が分かれば、その間に経過した時間は推定できることになる。これを利用して、岩石の形成された年代が求められている。

地球で形成された最古の岩石の年齢が求められれば、地球の年齢はそれより古いことになる。このようにして地球の年齢は推定されてきた。現在、地球上最古の岩石として知られているのは、カナダで発見されたものである。その年齢は三九億六〇〇〇万年である。地球上の物質だけに基づいて確実にいえることは、地球の年齢がこれより古いということだけである。どのくらい前まで遡れるかとなると、それよりも古いものがなければ、地球上の物質だけでは推定できない。そのためには、例えば、地球の材料物質が分かっていれば、同様の方法でその年齢を推定する必要がある。

地球の材料物質とはどのようなものか？　誰もそれを見たことはない。従って本当のところは分からない。しかし、今でも宇宙から地球に降ってくる物質がある。隕石である。このような物質が降り積もって地球になったと考えるのは合理的である。そこでとりあえず、隕石の形成年代を測定すればよいことになる。隕石にはいろいろな種類がある。そのなかでも、形成されてからこれまで一度も溶けたことがないような、始原的なものがよい。溶けるとそのとき元素の移動が起こり、元の量が分からなくなってしまうからである。このようにして推定された最古の隕石の年齢は四五億六六〇〇万年である。

地球は三九億六〇〇〇万年前から四五億六六〇〇万年前の間に誕生したことになる。それでは地球の年齢は実際は何歳なのか、ということになるが、そのためには地球が生まれるとはどういうことか、もう少し具体的にそれを定義しなくてはならない。

地球の誕生とは

地球が誕生したのは、四五億年前あるいは、四六億年前とも推定されている。どちらが正しいのかと問われたら、どちらも正しいというのが答えだ。それは誕生という過程の定義によるからである。ヒトの誕生のことを考えてみれば、そのことの意味が分かるだろう。我々が一般に誕生と呼ぶのは、胎児が母親の胎内から出てきた時のことをいう。年齢とはその時からの経過時間のことである。

しかし誕生とは、母親の胎内に生命が宿った瞬間と考えることもできる。受精卵誕生の時を出発点とすれば、上記の経過時間は、いわゆる年齢プラス約一〇カ月ということになる。それを分や秒の単位でもっと正確に述べようとすれば、そのことをあらかじめ計画して詳細に記録していない限り、むずかしい。誕生をどう定義するかは、深く考えれば考えるほど、むずかしい問題なのである。

地球の誕生も同様である。微惑星と呼ばれる小天体が集積して、地球型惑星が形成されることはすでに紹介した。微惑星の形成とは、従って、微惑星が集まり、ある大きさの惑星が形成されること、と考えられる。しかし微惑星の集積は、ある瞬間をもって終わりという過程ではない。延々と続く、ある意味では終わりのない、過程なのである。今でも地球には微惑星の集積が続いている。隕石の衝突はそのような過程のひとつである。

現在の構造、状態になった時を、地球の誕生と定義することもできる。それも、構造や状態を細かく指定すればきりがない。たとえば、内部がコアとマントルに分化した時、あるいは地表付近が地殻と海と大気に分化した時とで異なる。ヒトと比較するのはむずかしいが、あえて比較すれば、受精卵から出産までの段階が微惑星の集積期、出産段階が現在の構造と状態になる分化の時期ということになろう。

データに基づいて誕生の時を議論できるのは、出産に相当する場合ということになる。地球がコアとマントルと地殻に分化した時期に関しては、原理的には推定可能である。分化の結果、元素の移動が起こらなくなり、放射性元素について閉じた系が定義できれば、それ以後の経過時間は、増えた娘元素の量（あるいは、減った親元素の量と言い換えても同じ）から計算できる。

問題は、閉じた系、たとえばこのとき形成された地殻の代表的物質を、手にすることができるか否かということになる。地球の場合、これは絶望的である。なぜなら、火の玉状態で生まれた地球は、その後六億年くらい、隕石重爆撃期と呼ばれる激しい微惑星の衝突による擾乱の時期を経るからである。最初につくられた地殻が、最初の状態を保持したまま、この擾乱を生き延びるのは困難である。

そのような隕石重爆撃期の終了した、直後につくられたのが、現在地球上で最古と考えられている岩石（三九億六〇〇〇万年前）である。この岩石は大陸地殻を構成する岩石である。従って、この時、すでに地球は、現在と変わらない構造、状態になっていたと推定される。

一方、地球が現在と変わらない大きさになったのは、約四五億年前と考えられる。月と地球は時を同じくして形成されたと考えられる十分な根拠があり、月の最古の岩石が約四五億年前の形成年代をもつからである。前にも述べたように、微惑星の形成は約四六億年前のことだから、地球の誕生は今から、四五億プラスマイナス一億年ということになる。

いずれにせよ、地球の年齢の推定は今でも、決着のついていない重要な研究テーマのひとつである。それは地球という、岩石に比べれば巨大な物質の、その分化後の代表的物質をいかにして推定するかという問題に行きつく。地球の年齢のことを、最初に本格的に考えたのは、クレア・パターソンというアメリカの科学者であるが、以来本質的な意味では進展がない。

隕石重爆撃期

月誕生後六億年くらいにわたって、激しい天体衝突が続いたと考えられている。月の地表を大別すると、海と呼ばれる黒っぽい地域と、高地と呼ばれる白っぽい地域に分けられる。海と呼ばれる地域は、高度的には低地で、溶岩流に覆われている。一方、高地は文字通り高地で、無数のクレーターに覆われている。実は、海は巨大な衝突クレーターの跡で、衝突盆地ともいわれる。それに対し高地は、マグマオーシャンの冷却に伴い形成された原始地殻である。衝突盆地と呼ばれるような地形をつくる衝突の場合、大量の融解した岩石が形成されるが、月面から持ち帰られた衝突融解物質の年代を測ると、いずれも三九億年くらい前の値を示す。従って、月の海をつくったような衝突は、三九億年くらい前に特に激しかったと推定される。

それが、その頃だけに、くぎが突き出たように激しかったのか（月の大激変と呼ばれる）、それとも月の形成からその頃まで、ずっと激しい衝突が続いたのか（隕石重爆撃期）は、まだはっきりしない。いずれにせよ、月や地球型惑星の形成後六億年くらいに、想像を絶するような激しい天体の衝突時期があったことは間違いがない。この事実が明らかにされたのはもう三〇年くらい前のことだ。月の大激変か、隕石重爆撃期か、この問題をもう一度再考することを提案した研究者が、二〇〇二年初め癌で死去したため、それを悼んで二〇〇二年三月に米国ヒューストン市で開催された第三三回「月惑星科学会議」で、このテーマに関する特別セッションが開催された。

アポロ計画で採取された衝突融解物質の形成年代が三九億年くらい前に集中することは、最後の巨大衝突の影響が地表に強く残されているからかもしれない。地下を調べれば、それ以前の形成年代をもつ衝突融解物質が残されている可能性もある。従って、この問題の決着はまだついていない。なお、衝突盆地の底を埋める溶岩の年代を求めても、それと衝突盆地の形成年代は一致しない。クレーター形成と同時に溶岩が噴出するとは限らず、その地下の火成活動の継続期間とクレーター形成年代は一対一に対応しないからである。この問題に決着をつけるためには、いずれにせよ月の上で地下の衝突融解物質を細かに収集し、その形成年代を測定する以外にないだろう。

隕石重爆撃期のような激しい衝突はどのような天体によって引き起こされたのか？　その天体の起源を考えると、月の大激変説は旗色がよくなかった。なぜその頃急に、そんな衝突天体が地球型惑星の存在領域に出現したか、説明がつきにくいからである。それに対し、隕石重爆撃期のほうは、微惑星の集積が急に終わらず、尾を引いていると考えればよいから合理的にみえる。

月の大激変をもたらした衝突天体の起源には、最近いろいろな考え方が提案されている。小惑星帯でセレスくらいの大きさの小惑星がその頃破壊されたとか、地球あるいは金星軌道に入り込んできたセレスくらいの小惑星が、地球あるいは金星に接近しすぎて潮汐力で破壊されたとか、天王星、海王星の形成がそれより内側の惑星の形成より六億年くらい遅く、その形成に伴って太陽系外縁部の領域からこの頃、大量の小天体が小惑星帯に供給されたとか、である。第三三回「月惑星科学会議」で新たに提案されたのは、第五の地球型惑星の存在である。この惑星の軌道は最初の六億年くらいは安定しているが、その後不安定（偏心率が大きくなる）になり、太陽に激突する。その過程で小惑星帯の小惑星の軌道を乱し、月の大激変を引き起こすというものである。

その後この問題に関して進展があった。月面に残る隕石重爆撃期と呼ばれる時代に形成されたクレーターの大きさの分布を詳細に調べ、それを小惑星帯にある小惑星、あるいは地球軌道接近小惑星のサイズ分布と比べ、どちらに似ているかを比較してみたのである。すると、小惑星帯にある小惑星のそれに近いことが示された。一方、隕石重爆撃期以降につくられた若い形成年代のクレーターのサイズ分布は、地球接近小惑星のそれと似ている。何らかの理由により、ある時期、小惑星帯の軌道が乱され、この時期に小惑星の衝突が頻発していたというのが考えやすい。とすれば、大激変説のほうが都合がよいかもしれない。

しかしいずれにせよ、地球の初期進化が、このような激しい天体衝突の過程に強く依存するのは間違いがない。

水惑星の意味

地球は「水惑星」であるといわれる。では水惑星とは何か？　文字通りに解釈すれば、水の惑星、すなわち成分として水が多い惑星ということになる。しかし、地球の表面付近に存在する水の量は、地球の総質量の〇・〇二パーセントくらいにすぎない。マントルに含まれる水の量を最大限に考えても、一パーセントくらいがいいところだろう。成分として水が多いという意味で水惑星というなら、天王星、海王星がふさわしい。いずれも総質量に占める水の割合は、数十パーセント以上になる。これら氷惑星や、巨大ガス惑星の周囲に存在する氷衛星は、その質量の半分以上は水の氷からなる。水を主成分とする天体はこのように、太陽系の外縁部に多く存在する。

地球が水惑星と呼ばれるゆえんは、地表の大部分が、液体状態の水、すなわち海に覆われているからである。地表を海に覆われた太陽系天体は、地球をおいてほかに存在しない。火星に

した温度は一五度である。地表温度は、地球全体のエネルギー収支、すなわち太陽からの入射光がどのくらい地表で吸収され、地表の熱が宇宙にどのくらい放射されるか、その釣り合いで決まる。前者は地球全体の反射率に関係するが、それは地表のどのくらいが氷に覆われるか、すなわち極の氷床がどのくらいの緯度まで張り出すかに関係する。一方後者は大気の温室効果による。それは具体的には、温室効果ガスである二酸化炭素がどのくらい大気中に含まれるか、に関係する。そこで、大気中の二酸化炭素の量を与え、上記のエネルギーの釣り合いの式を解くと、緯度方向の地表温度の分布、あるいは極を中心にしてどのくらいの緯度まで氷床が張り出したかが求められる。

その結果によると、大気中の二酸化炭素の量（分圧）が〇・一気圧より高ければ、地球は暖かく、極にすら氷床が存在しない状態（以下では「無氷床解」と呼ぶ）が安定である。それに対し、一〇万分の一気圧より低ければ、地球は寒く、氷床は赤道まで張り出す。すなわち全球が凍結する（「全球凍結解」と呼ぶ）状態が安定であることが示される。その中間の分圧だと、答えは複雑になる。現在の大気中の二酸化炭素分圧は一万分の一気圧の桁だが、この場合、上に述べた二つの解に加えて、氷床が緯度三〇度くらいまで張り出す（「部分凍結解」と呼ぶ）状態も安定で、その三つの解の、どの状態になるかは予測できない。

何らかの理由により大気中の二酸化炭素分圧が現在の一〇分の一に低下すると、地球は全球凍結状態になる、と理論的には予想される。実際に、赤道まで氷床に覆われた状態が起こっていたらしいことが、最近明らかにされた。以前から、原生代と呼ばれる時代に、三回氷河期の存在したことが知られていた（約二四億〜二二億年前、約七億六〇〇〇万〜七億年前、約六億二〇〇〇万〜五億五〇〇〇万年前）。この氷河期の時代、赤道域にまで氷河が張り出し、海も氷に覆われていたことを示唆する地球物理学的、地質学的証拠が最近続々と発見され始めたのだ。

大気中の二酸化炭素の減少は、火山活動の低下や有機物の埋没率の増加によってもたらされる。すると地表温度は一気に零下五〇度くらいまで低下し、海の表層一キロメートルくらいが数十万年で凍りつく。このような状態になると、地表付近の水循環はほぼ停止し、地表の浸食などを通じて大気中から二酸化炭素を除去する過程も作用しなくなる。すると今度は逆に、大気中に二酸化炭素がたまるようになる。それが蓄積して〇・一気圧くらいまで達すれば、地表温度は今度は摂氏五〇度近い高温になる。氷河や海を覆う氷は融け、気候は現在のような状態に回復する。こうした変動の時間スケールは、一〇〇万年くらいと予想されている。

地球環境は、地球史という長期傾向としては、高温状態から次第に寒冷化しつつある。しかし、それよりももっと短い、といっても我々が感覚できる時間よりははるかに長いが、そのような時間スケールでは、ときどき大きな変動を繰り返す可能性があるということだ。この変動に伴って、生命が絶滅したりするのは当然のことで、改めて説明する必要はないだろう。

地球の誕生が約四六億年前に遡ることは述べた。ただし地球の誕生とは、何をもって誕生と定義するかで、その形成年代が一億年くらいは変わりうることも紹介した。ここでは、その後の歴史について語ろう。

現在、地球軌道上には、地球と呼ばれる惑星がひとつ回っている。地球が誕生する前には、その軌道近辺には、微惑星と呼ばれる直径一〇キロメートルほどの小さな天体が一〇〇億個ほど回っていた、と考えられている。それらが集まる過程が地球の形成過程である。専門的には微惑星の集積過程という。その誕生前後の状態の位置エネルギーを比較すると、前者の状態が高く、後者の状態が低い。それは例えていえば、水力発電用ダムに水がたまった状態と、その水が放流され海に流れ込んだ状態、ということになる。すなわち、地球の形成に伴って、その差に相当するエネルギーが解放され、そのため原始地球は加熱され、火の玉状態になる。

エネルギー論的に地球の歴史を辿れば、この最初の火の玉状態から以降は、冷える過程というこになる。冷えるとともに現在の地球を構成する様々な物質圏が分化し、現在の地球の姿が形づくられた。エネルギー論的には冷却がその歴史、物質論的には分化がその歴史ということになる。

岩石が溶けたものをマグマという。原始地球は地表までが、このマグマの海に覆われていた。当然、海は存在できず、海は水蒸気として当時の原始大気の主成分を構成していた。地球史のこの、最初の段階は「マグマオーシャン地球」と呼べる。原始の地球が現在の大きさに近づき、衝突する微惑星が少なくなると、地表は冷えはじめ、マグマの海も固化して、地表は薄皮のような原始地殻に覆われる。同時に原始の大気も冷え、水蒸気は凝結し、雨となって地表に降る。このようにして海に覆われた惑星（水惑星）が形成される。この段階の地球は「海の惑星」と呼べる。

原始の海は、まだ残る分厚い原始大気の毛布効果で、摂氏二〇〇度近い高温の海である。その成分も現在の海とは異なる。もっと酸性が強く、二酸化炭素は溶け込めない。従って、この段階の原始大気の主成分は二酸化炭素である。その後六億年くらいは、隕石重爆撃期と呼ばれる時代が続く。巨大な微惑星が、時折衝突し、海は蒸発し、一時的にマグマの海に覆われた火の玉状態の地球に戻る。しかしすぐに冷えるので、再び海に覆われた水惑星の状態に復帰する。そういった海の蒸発と凝縮という過程が何度となく繰り返される。この隕石重爆撃期の間に、原始地殻から大陸地殻が分化する。

大陸地殻が誕生すると、海の成分が変化する。大陸地殻の上に降った雨が大陸地殻を浸食し、それが海に流れ込むからである。その結果、海は中和され、原始大気の主成分である二酸化炭素が海に溶け込めるようになる。その結果、大気の成分も、現在のような窒素を主成分とする大気に変化する。この段階の地球は、「陸と海の惑星」とでも呼ぶことができる。この頃までに地球には、すでに原始の生命が誕生している。なぜそんなことが分かるかといえば、シアノバクテリアと呼ばれる生物のつくる構造物（ストロマトライト）が、その頃の地層（約三八億年前の堆積岩層）に残されているからだ。

今から二〇億～二五億年くらい前になると、シアノバクテリアが大量に地球上に繁殖し、現在の生物圏の基がつくられる。その結果、窒素主成分の大気に酸素分子が蓄積しはじめ、現在の大気成分に近づき始める。「生命の惑星」と呼べる段階である。そして現在の地球は、生物圏から人間圏が分化し、「文明の惑星」といえる段階にある。こうした地球の歴史を一言でいえば、〝分化〟ということになる。

酸素を含む大気の不思議

現在の地球大気の主成分は、窒素が約八〇パーセント、酸素が二〇パーセントである。このような大気組成をもつ惑星は、地球以外に存在しない。似たような大気組成をもつ太陽系天体としてはタイタン（土星最大の衛星）が知られている。確かにタイタンは窒素を主成分とする大気をもつ。ただし酸素は含まない。従って、太陽系のスケールでの、地球大気の組成的な特徴は、酸素の存在にある。よく知られているように、この酸素は光合成生物（による光合成反応）によって供給された。

では地球大気にいつ頃から酸素が含まれるようになったか？　それは二三億年くらい前と考えられている。どうしてそんなことが分かるのか？　大気や海など地表付近に酸素がたまりはじめると、地表付近に存在する様々な元素が酸化される。酸化された結果、その元素の、例えば浸食堆積作用などにおける挙動が変わる。それを目印にしてその変化がいつ起こったかが推測できる、という理屈である。

そのような元素としてよく利用されるのは鉄である。例えば、鉄は水に溶ける時、そのなかに酸素がどのくらいあるかで、二価（酸素の少ないとき、還元的という）になったり、三価（多いとき、酸化的という）になったりする。二価と三価では、水にどのくらい溶け込めるか（溶解度）が異なる。二価のほうが水に溶けやすい。従って地表に酸素がたまりはじめ、鉄のイオンが二価から三価に変わると、海のなかでは三価の鉄が沈殿する。そのようにして、現在我々が鉄資源として利用する、縞状鉄鉱床が形成された。その形成年代から、少なくとも深い海まで酸化されたのは、一九億年以前と推定されている。

鉄と並んでよく用いられるのはウランである。ウランは酸化された状態では六価、還元的状態では四価である。鉄とは逆に、ウランの場合は六価のときのほうが水に溶けやすい。鉱物としては四価の、閃ウラン鉱（UO_2）として存在する。閃ウラン鉱を含む岩石が浸食されると、酸素が少ない環境であれば、閃ウラン鉱のかけらがそのまま堆積する。そうでなければ、ウランは六価のイオンとして水に溶け込み、閃ウラン鉱のかけらは残らない。すなわち、堆積物中に閃ウラン鉱のかけらが残されていれば、当時の環境は還元的であったということになる。そのような酸化、還元の境となる酸素濃度は、上限として、現在の大気中に含まれる酸素濃度の、二〇〇分の一（〇・〇〇一気圧）程度と見積もられている。閃ウラン鉱を含む堆積岩の形成年代から、二二億年以前には、大気中の酸素濃度はこれよりずっと低かったと推定されている（一〇兆分の一程度）。

ウランと同様の議論が展開できるのが硫黄で、その場合、閃ウラン鉱に相当するのが黄鉄鉱

(FeS_2)である。閃ウラン鉱と同じく、黄鉄鉱のかけらが残されているのは、二二億年以前の堆積岩である。硫黄に関しては最近、その同位体(元素としては化学的に同じだが、重さが異なる)の測定から、大気がいつ頃酸化的になったかが、もっと明確に示されている。二三億年を境にして、それ以後の若い岩石中に含まれる硫黄の三二、三三、三四の同位体存在比が、質量に依存したような変化を示すようになるのに対し、それ以前はそれと全く異なるのである。詳細は専門的になるので省略するが、この事実は、この頃を境に大気中の酸素濃度が大きく変わったことを強く示唆する。

大気中の酸素濃度がその頃大きく変わったとすれば、なぜその頃か、ということになる。大気中に酸素を供給する光合成生物はそれよりずっと以前から存在したからである。その理由は実は簡単で、その頃まで「何らかの過程」を通じて消費されていた酸素が、その頃から消費されずに、大気中にたまりはじめたということである。問題は、その「何らかの過程」が何なのかである。残念ながらそれは、まだ明らかにされていない。少数意見ではあるが、ここで紹介した地質学的事実(二三億年を境に大気中に酸素が蓄積)が間違っている、との主張もある。

地球の未来

地球の歴史を一言でいえば、〝分化〟である。誕生時の地球はマグマの海に覆われた火の玉状態で、その状態から冷える過程で、現在の地球を構成するさまざまな物質圏が分化してきた。

それでは地球はこれからも、このまま分化しつづけるのか？　結論を先にいえば、否である。分化とは逆で、地球の未来は均質化していく。なぜか？　それは、地球が分化したその理由を考えてみれば分かる。

地球がこれまで分化してきたのは、地球が熱い状態で始まり、冷えてきたからである。物質はその温度、圧力の変化に応じて、状態を変える。それが分化の起こる理由である。実は、地球に限らず、宇宙も生命も、その歴史の本質は冷却に伴う分化にあるといえる。その理由は同様に、宇宙が最初火の玉状態で始まり、その後膨脹して冷え、現在に至っていること、一方生物の場合は、その存在する場である地球環境が最初高温で、それがその後冷えたからである。より正確にいえば、宇宙や地球全体としては冷え、一方で局所的には熱い場が残り、温度差が拡大する、それが分化の起こる理由である。

地球の内部はこれからも冷え続ける。従って、これまで分化してきた、内核、外核、下部マントル、上部マントルという物質圏はこのまま存在する。ただし冷えるとともに、固体である内核は成長し、地球の内部で唯一液体状態にある外核の割合は減少する。従って、地球磁場も変化するだろう。今後大きく変化するのは地表付近の物質圏である。地表温度が、これまでの下降という長期的傾向から変化し、上昇に転じるからである。

これまで何度となく指摘してきたように、人間圏はこれからも拡大を続けるであろう。するとその拡大に伴い、例えば地球環境問題に代表されるさまざまな文明の問題が深刻化する。そこで、地球史という時間スケールでは人間圏がまず破綻し、消滅することが考えられる。人間圏が消滅すれば、地球システムはシステムとして、人間圏誕生以前の段階と同様のメカニズムで、太陽光度の上昇に対し応答する。すなわち大気中の二酸化炭素を減らし、その温室効果を減らし、地表温度の上昇を抑える。その結果あと五億年もすれば、大気中の二酸化炭素濃度は現在の一〇分の一というレベルにまで低下する。すると、光合成をする植物が生存できなくなる。この結果、生物圏が消滅する。

大気中の二酸化炭素濃度が、現在の一〇分の一以下というレベルになれば、地球がその歴史を通じて維持してきた、太陽光度の上昇に伴う地表温度の上昇に、二酸化炭素の循環を利用した負のフィードバック作用で応答する、という作用はきかなくなる。その結果、地表温度は上昇し始める。地表温度が上昇すれば、海からの水蒸気の蒸発は増え、水蒸気の温室効果で地表温度はさらに上昇し……と、この過程は暴走的に進行し、終には海が蒸発してなくなる。この一連の過程で大量の雨が降り、大陸地殻も激しい浸食により消失する。地球がこの段階に達するのは、今から二〇億年後くらいのことと推定される。

海と大陸のない地表では、炭酸塩岩石中に閉じ込められていた二酸化炭素が放出され、原始の地球と同様、二酸化炭素が大気の主成分となる。太陽はその後も光度の上昇を続けるから、地表温度はさらに上昇し、地球は現在の金星と同じく灼熱の惑星となる。地球が天体として最後を迎えるのは、太陽がその寿命を終える時である。太陽はその内部で、燃料である水素を燃やし尽くすと、その寿命（一〇〇億年くらい）に比べれば一瞬ともいえる期間（一〇〇〇万年くらい）、ヘリウムを燃やす。しかしそれもすぐに燃え尽きる。するとその重力を支えるべき圧力を生み出せず、現在の構造を維持できなくなる。その結果、表面が膨張してふくらみ、いわゆる赤色巨星という段階に至る。地球はこの段階の太陽の熱にあぶられ、誕生時と同様、どろどろに溶け、マグマの海におおわれる。そして終には、膨張してきた太陽に飲み込まれ、ガスとなって銀河系空間に散逸していく。地球の未来とは、これまでの地球の歴史を折返すように進行するということだ。

第一部では、「二一世紀の宇宙と文明を探る」ということで、宇宙、太陽系、地球、そして我々の文明について、最近の話題を中心に紹介した。なぜ人類は宇宙にまでその関心を拡大するのか？　現生人類が人間圏を築いて生きはじめた理由が、その生物学的特質に関わることを最初に述べた。眼前で感知できる時空で生きるのが動物だとすれば、現生人類の特徴は、その時空を拡大し、そのなかで今、あるいは自らについて、その存在理由を問うことにあるのだ。

第二部では、第一部で紹介した拡大した時空をふまえて、そのなかで我々とは何かについて、筆者が考えていることを論じたい。時空を拡大するとは、普遍を探るということである。考える対象について普遍か否かを、今度は、地球を旅しながら考えてみることにする。とはいえ、第一部で宇宙、太陽系、地球について、全ての話題を紹介したわけではないので、第二部でも折々に触れていきたい。

時空を拡大し、それを脳に投影して大脳皮質のなかに内部モデルをつくり、普遍とは何かを追求するとは、何とも不思議な知的生命体である。それが我々であるが、知的生命体をこのように限定する必要はない。

例えば、大気上空にオゾン層が形成されず、生命が海のなかにだけ生存し、そこで知的生命体が生まれたとしたら、その知的生命体は宇宙の存在を知らないかもしれない。その場合、ここでいうような意味での普遍について考えるだろうか。もっとも、その場合には、有害な環境である大気中に、探査機に乗って進出し、その天の外に宇宙の存在を確認するかもしれないから、やはり普遍について論じているかもしれない。この場合でも、海という生存の場から、その外側の天へと進出するわけで、いずれにせよ、認知する時空を拡大できることが、知的生命体の定義かもしれない。

第二部　辺境に普遍を探る

タイタン：もうひとつの地球

二〇〇五年一月一四日、土星の衛星タイタンの地表に、ホイヘンスと名づけられた、無人の着陸船が着陸した。三五〇年前、望遠鏡のかなたにその天体を発見した、オランダの天文学者（当時はもちろんそんな職業は存在しないが、今風に言えばそうなる）クリスティアーン・ホイヘンスにちなんで、そう命名された着陸船である。この探査を計画し、開発したのはＥＳＡ（欧州宇宙機関）だが、それを搭載して土星まで運んだのは、ＮＡＳＡ（米国航空宇宙局）の探査機（カッシーニ）である。そのためこの探査計画はカッシーニ探査と呼ばれる。ちなみにカッシーニという名称は、一六七五年、土星の輪が内側と外側の二重に分かれており、その間に間隙のあることを発見した、イタリア出身でフランスの天文学者ジャン・ドミニク・カッシーニの名に由来する。

ホイヘンスから送られてきたタイタンの地表画像は、比較惑星学者としては久しぶりに、心躍るものであった。筆者のような専門家には感動的であったといってもよい。しかしその同じ画像が、一般の人々にとっては、それ程印象的でもなかったようだ。かつて、金星や火星、木星や土星、天王星や海王星、あるいはそれらの衛星に探査機が初めて接近し、あるいは地表に降り、その素顔を初めて明らかにした時、世の中はもう少しそれに感動したような記憶があるのだが、最近は、初めて見る世界にも感動を覚えなくなったのだろうか？　本稿を執筆しようと思ったきっかけは、そこにある。

我々がそれまでの智の境界を越え、新たな智の領域を探ることとは、まさに我々が、現在のような文明を築いた、その生物学的な理由のひとつと考えられる。大脳皮質のニューロンのネットワーク化がその背景にあることを第一部で論じた。我々のレゾンデートルともいえるその感性を失うとしたら、我々はこれからどこに行くのだろうか？　その後、インドのヴァラナシ（かつてはベナレスと呼ばれていた町）に旅する機会があり、別の意味で同様のことを、感じるところがあった。文明の普遍性についてである。なお文明とは、筆者の定義では、人間圏（筆者が、地球上での我々の存在を地球システム論的に分析し、導入した概念）をつくって生きる生き方のことである（第一部の「地球システム」で紹介している）。

第二部のタイトルに掲げた辺境とは、まさに智の境界に位置するという意味での、辺境である。それを越えるとは、新たな智の領域に踏み込むことになる。タイタンが太陽系の辺境に位置するのは理解されようが、ヴァラナシが文明の辺境とは理解されにくいかもしれない。何しろヒンズー教の聖地として四〇〇〇年を超える歴史があり、その教えでは宇宙の中心に位置する、と考えられている場所だからである。しかし、近代の文明という尺度から判断される現状はまさに、その対極ともいえる辺境に位置する。

余談であるが、二〇〇七年六月に新疆ウイグル自治区のウルムチを訪れた。そこで辺疆という文字をよく見かけた。日本で用いられている漢字で表記すれば、辺境である。西安に都があった頃、シルクロードのこの地は、辺境と呼ばれていたのだ。ちなみに、疆という漢字がもつ意味について、現地の博物館を訪れた時に学芸員から次のように説明された。面白かったので紹介しよう。

「彊」という偏《へん》は、「弓」で狩猟民族を表し、「土」で農耕民族を表すという。右側の旁《つくり》は、一番上の「一」がアルタイ山脈を、二番目が天山山脈を、三番目が崑崙山脈を表し、その間に挟まれた盆地を「田」で表すという。それぞれ、ジュンガル盆地、タリム盆地である。タリム盆地に広がるのがタクラマカン砂漠であり、シルクロードはそれを迂回して、北路、南路に分かれる。一九四九年に中華人民共和国に統合された。

話を戻そう。ヴァラナシで、ガンジス川やそのほとりに生活する人々の生き様を見て、進歩とは、近代化とは、あるいは文明の普遍性とは何か、について考えさせられた。その地の第一印象を、いくつかのキーワードで表現すれば、混沌と無秩序、多様性、停止した時間ということになろうか。それが何故衝撃的なのかといえば、それと対極に位置するのが近代文明だからである。そこに見られる制度、仕組み、概念、考え方、何でもいい。その本質を抽出すれば、モノトーン化、あるいは規格化ということになるかもしれない。

文明の普遍性とは、筆者流に言えば、我々の生き方、すなわち農耕牧畜という生き方にある。普遍性という、極めて本質的問題に関し、このように断定的に言い切れるのは、筆者がそれを、地球システムの物質循環に直接関わる生き方という、極めて大きな、俯瞰的視点から分析するからである。我々の社会がなぜ、新たな智の地平の開拓に感動しなくなったのか？　それはいみじくもここで述べたような、きわめてマクロで、かつ長期的な視点に欠けているからではないだろうか？　そこで、その視点についてもう少しきちんと紹介したいというのが本稿の目的である。

タイタンについて述べよう。新聞やテレビで報道された、実際にはカラー画像なのだが、ほとんど色のコントラストがなく、従ってモノトーン化されたその白黒の風景画像の何が、例えば筆者にとって、それほど感動的だったのか？　それは、そこに見られる風景が、地球に住む我々にとって、あまりに馴染み深かったからという、極めて逆説的で、単純な理由による。それは専門家の眼からすると、もうひとつの地球といってもいいくらい、地球とよく似た風景であったのだ。そして実はそのような天体を発見することこそ、我々が二〇世紀に惑星探査を始めた、大きな目標のひとつであったのだ。もうひとつの地球を求めて我々は二〇世紀、太陽系に、銀河系に旅立ったとも言える。それは別の表現をすれば、この世界は普遍なのか、あるいは普遍とは何かを探る旅でもある。

一般に関心をもたれなかったもうひとつの理由として、マスコミの扱いが地味だったことも挙げられる。惑星探査が日常化し、その希少性がニュースとしては薄れたという事情もあるだろう。しかし二〇〇四年の、マーズ・エクスプロレーション・ローバーによる火星探査報道のフィーバー振りと比較すると、それだけが理由とも思われない。二〇〇四年の火星探査の結果ももちろん、比較惑星学的には重要だし、興味深かった。しかしタイタンの場合、その地表を撮影した初めての画像という意味で、その新鮮さと得られる感動は、火星とは比較にならない。

この探査の広報が、ESAではなく、NASAによって行われたなら、事情は少し異なったかもしれない。NASAは税金が、いかに有効に、かつ意味のあることに使われているか、そのことを広く国民に周知し、宣伝することとの重要性を深く認識している。その切実さは、NASAとESAではあまりに異なる。ホイヘンスがNASAの着陸船だったなら、その事前の広報活動も、発表の仕方も、今回とは全く異なっただろう。日本に限らず世界のマスコミもそれに乗せられ、探査結果の重要性を熱狂的に解説したことと推測される。

本稿ではまず、このタイタン探査を例に、普遍とは何かを問うてみよう。我々は絶えず、旧来の知識の壁に挑戦し、それを越え、新しい智の地平を切り開こうと努力する。その智に普遍性を求めるからである。なぜ普遍性を求めるのか？　それはおそらく我々が、現在のような生き方を選択し、文明を築いた、その問題に関わる。

ここで我々とは、現在生きている人類のこと（現生人類）である。ネアンデルタール人でも、もちろん北京原人、ジャワ原人でもない。彼らこそまさに、先に述べた意味では逆の、旧来の知識の壁の内部に留まり、それでよしとするような知的生命体であったといえるのだ。従って、当然のことながら、そもそも文明を築くことはなかった。

我々、現生人類は、今から一六万年くらい前、アフリカに生まれた。そしてその後瞬く間にその足跡を、あらゆる大陸、島々に印した。一箇所に長く留まることなく、出アフリカをなし、次から次へとその居住地を拡大したその理由は何か。それまでとは風土、歴史の異なる新たな場に移り住むことは、それ以前の経験との比較を通じ必然的に、より普遍的な知識を求めることにつながる。

カッシーニが地球を旅立ったのは一九九七年のことだ。探査機に積み込まれた燃料の推進力だけでは不十分で、地球や金星の重力を利用して探査機を加速するという、そんな裏技（スウィングバイと呼ばれる）を使ってもその到達に、なおかつこれだけの歳月を必要とするくらい、タイタンは、太陽系の辺境に位置する。タイタンは土星を巡る衛星である。なお衛星とは、惑星の周囲をまわる天体のことをいう。

カッシーニ探査はその打ち上げ時から、一般に広く注目された経緯をもつ。太陽から遠ざかる太陽系外縁部へ飛行する探査機の場合、その電力供給に太陽電池は使えない。そこで原子力電池を搭載するのが一般的だが、それを搭載したカッシーニは、打ち上げが失敗した時の放射能汚染のリスクから、その打ち上げが反対されたのである。

ここで簡単に、太陽系についておさらいしておこう。二〇〇六年八月まで太陽系には九つの惑星が存在するとされていた。最も外側をまわるのが冥王星である。しかしそれは、あまりに小さく、惑星というより衛星、あるいは彗星の親玉に近い天体と考えられている。なんらかの理由により、海王星の衛星が弾き飛ばされ、冥王星になったとも、あるいは、冥王星の軌道の外側に無数に分布する、巨大な彗星のごとき天体（エッジワース・カイパーベルト天体と呼ばれる）のひとつともいわれ、惑星という名称を剝奪されてしまった。その詳しい経緯はのちに述べる。

従って太陽系は、実質的に八つの惑星から成る。内側の四つは密度の高い、金属や岩石から成る惑星である。その最大の惑星である地球にちなんで、地球型惑星と呼ばれる。その外側に木星、土星という、巨大なガス惑星がまわる。その主成分は水素とヘリウムである。更にその外側に、天王星、海王星という、氷惑星がまわる。かつては外側の四つをまとめて巨大ガス惑星と呼んでいた。しかし最近は、その外側の、二つの惑星は小さく、その主成分が水であることから、木星、土星と区別して、氷惑星と呼ぶのが普通である。

近くの星に、我々と同程度の文明を持つ知的生命体がいたとしよう。彼らが太陽系を観測したとする。太陽系は、木星と土星という二つの惑星からなる惑星系に見える。その質量が他と比べて圧倒的に大きいからだ。巨大ガス惑星が、木星と土星の二つしか存在しないことは、実は我々にとって極めて幸運なことだった。

もし太陽系に、もうひとつ、三つめの巨大ガス惑星が存在したとしよう。この場合太陽系は、惑星系としては不安定になってしまう。すなわち、三つのうちのどれかひとつの巨大ガス惑星の軌道は、相互の重力的作用により、次第に偏心的になり、いずれ弾き飛ばされてしまうからだ。その際、地球型惑星や氷惑星は、この巨大ガス惑星によってはき集められてしまうか、一緒に弾き飛ばされてしまう。結果として現状とは全く異なる姿の惑星系となる。この場合、地球が存在しないのだから、もちろん我々は存在しない。

驚くべきことに、我々が現在までに観測した太陽系以外の惑星系（系外惑星系と呼ぶ、発見数は二〇〇六年に二〇〇個を超えた）は、ほとんどがこのような二つの巨大ガス惑星から成る。系外惑星系の発見の歴史はまだそれほど古くはない。最初の発見ですらおよそ一〇年前、一九九五年のことにすぎない。ペガサス座51番星という星のまわりでそれは発見された。これまでに発見された系外惑星系の場合、その多くは、地球型惑星の存在するはずの領域を、木星のような巨大ガス惑星がまわっている。二〇〇七年四月に至るまで、地球型惑星をもつ系外惑星系は、その存在が報告されたことがなかった。しかも系外惑星系の惑星の軌道は、太陽系に比べ、圧倒的ともいえるくらい偏心している。その発見の歴史もまさに、本稿のテーマと深く関わるので、のちに詳しく紹介しよう。

タイタンは、そうした巨大ガス惑星のひとつ、土星の衛星である。土星の周りでは、数多くの衛星が発見されている。直径が一〇〇〇キロメートルを超えるものだけでも五つ、そのなかで最大の衛星がタイタンである。タイタンより大きい衛星はただひとつ、木星の衛星ガニメデである。タイタンは濃い大気をもち、上空に漂うオレンジ色をした有機物のもやで、その地表は全面覆われている。そのためホイヘンスの着陸まで、その地表の様子は推測の彼方にあった。

地球から一二億キロメートルも離れた、単なる土星の衛星に過ぎないタイタンに、着陸船を下ろして探査しようと考えたのには、理由がある。タイタンが太陽系では地球以外に唯一、地球と同じく、窒素の大気に覆われた天体だからだ。ホイヘンスから遡ること二十数年前の一九八〇年、土星のすぐそばを通過したボイジャーが、タイタンを観測し、初めてそれを明らかにした。

現在の地球には、その上に生物圏が存在し、光合成生物が生存するため、窒素に加えて第二の成分として酸素が存在する。しかし、まだ光合成生物が存在しなかった原始の地球では、現在のタイタンと同じく、窒素が九〇パーセント以上を占める大気に覆われていたはずである。窒素大気をもつ二つの天体のうちのひとつに生命が誕生したのだから、タイタンに生命が誕生したとしても、不思議ではない。それを探りたいということで、ホイヘンスによる探査が計画された。ただし、たとえタイタンに生命が存在したとしても、それはまだ〝地球〟生物学にすぎない現在の生物学の知識では、理論的に全く予測し得ないような生物である可能性が高く、その検出は難しいだろう。

タイタンは、窒素の大気に覆われているだけではない。先ほど述べたように、オレンジ色をした厚いもやに覆われている。従ってその地表を、直接見ることはできないが、それが、水の氷に覆われているだろうということは、容易に推測できる。タイタンの平均密度が、単位立方センチあたり一・八八グラムと低く、地表温度は極低温であるからだ。

太陽系の構成物質を、単純化して言えば、岩石（鉄・ニッケル合金を含む）と、氷と、ガス（水素とヘリウム）である。それを反映して惑星も、岩石から成る惑星、ガスから成る惑星、氷から成る惑星の三種類が存在する。衛星も同様である。ただし、ガス衛星は存在しない。水素、ヘリウムのようなガスは軽く、天体の重力がよほど大きくなければそれを保持しえないからだ。

岩石と氷の密度は、単位立方センチあたり大体三グラムと一グラムである。タイタンの平均密度（一・八八g／cm³）を説明するためには、岩石と氷が、約半々であればよいことになる。タイタンが岩石と氷から成るとして、それらが入り混じった状態で、そのまま長期間存在することはあり得ない。氷は流動的であるから、長い時間が経過すれば、重い岩石は沈み、コアを形成する。地表付近は従って氷に覆われているはずなのである。

ホイヘンスから送信された画像を見てみよう。一三二～一三三頁に示すのは、降下中にホイヘンスが着陸地点付近を撮影した画像である。画像が白黒なのは、写し出される世界が基本的には氷の世界だからで、たとえカラーで印刷したとしても、全体が一様に薄くオレンジ色に着色されて見えるくらいのことだ。

この画像は、降下中に撮影した画像をつぎはぎして、着陸地点の周辺を写し出したものである。ここで目に付くのは白い模様で、霧のようにみえる。これはメタンの雲である。ホイヘンスは右手の、少し黒っぽく写っている部分に着陸した。これは当初、海と陸の境界に当たる部分と考えられていた。全体として、氷大陸の起伏に富んだ様子が写し出されている。その後の探査で、タイタンには、海と呼べるような、広範な領域を覆う液体状態のメタン、あるいはエタンは存在しないことが明らかにされた。しかし、もう少しスケールが小さく湖と呼べるような領域は存在する。その他、砂丘が連なるような奇妙な地形なども発見されている。

もう一枚画像を示す。一三三頁下の画像には、黒い模様として、木の枝のような地形が識別できる。これは河である。地表付近に分布する物質の成分が、まだ報告されているわけではない。しかし、上空にかかるメタンの雲から判断して、メタンの雨が降ってもよい。この地形はおそらく、周囲に降ったメタンの雨が集まり、その流れに穿たれてできた地形、すなわち河と考えられる。

湖と河と雲との存在から、タイタンの地表付近では、メタンの循環が起こっていると考えられる。これまで、その天体の地表付近に、現在でも物質循環が存在するのは、地球しか知られていなかった。従って、これは実は大変な発見である。前にも述べたように、地球の地球たるゆえんは地表環境にある。具体的には、表層付近の水の循環に伴うとされる、さまざまな物質の循環にあると考えられる。タイタンの地表にメタンの循環が存在することは、システムという意味では、地球と全く同様のメカニズムが存在するともいえるのだ。生命もシステムだから、環境がシステムとしての挙動を示さなければ、生命は存在しえない。その意味で生命の存在の可能性は高まったといえる。

ホイヘンスからの地表画像を見てもうひとつ気づくことがある。クレーターらしき地形が見られないことである。クレーターとは、衝突する天体によって地表に穿たれた穴ぼこのことである。クレーターが見られない理由の、ひとつの可能性として考えられるのは、火山活動の存

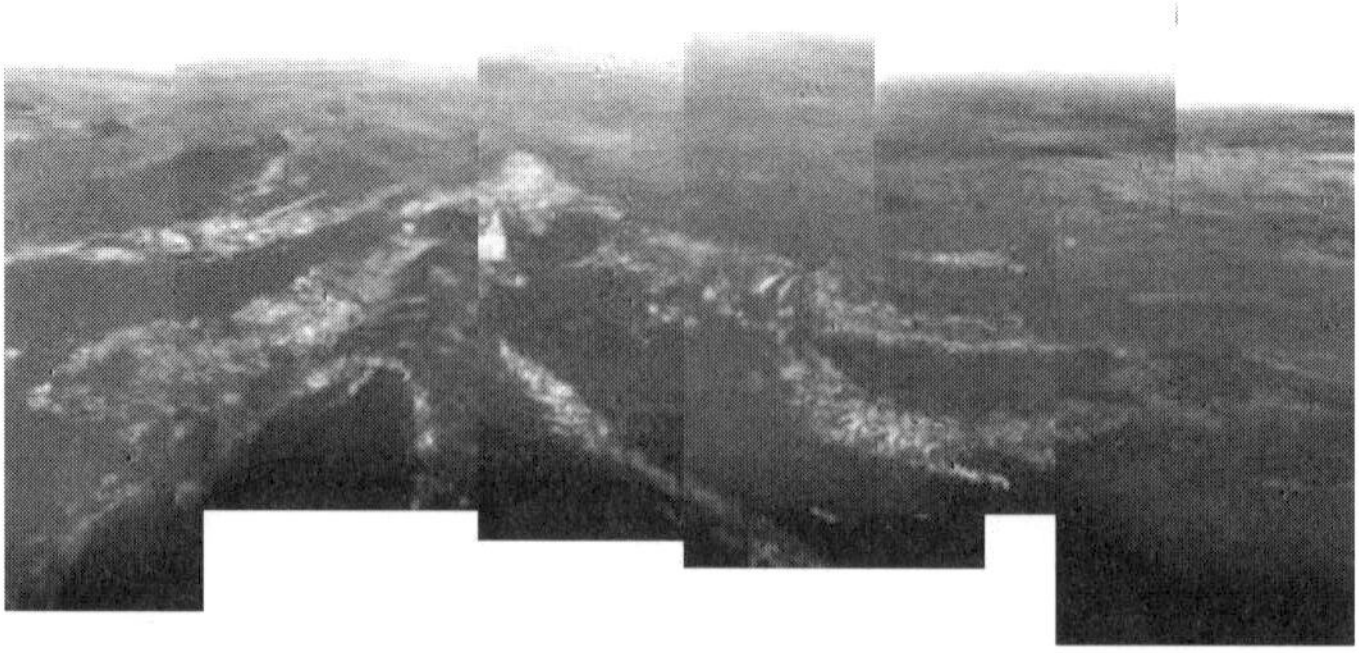

タイタン表面のパノラマ画像（ホイヘンスが降下中に撮影した画像をつなぎ合わせたもの）。©NASA/JPL

カッシーニが撮影した土星の衛星タイタン。©NASA/JPL

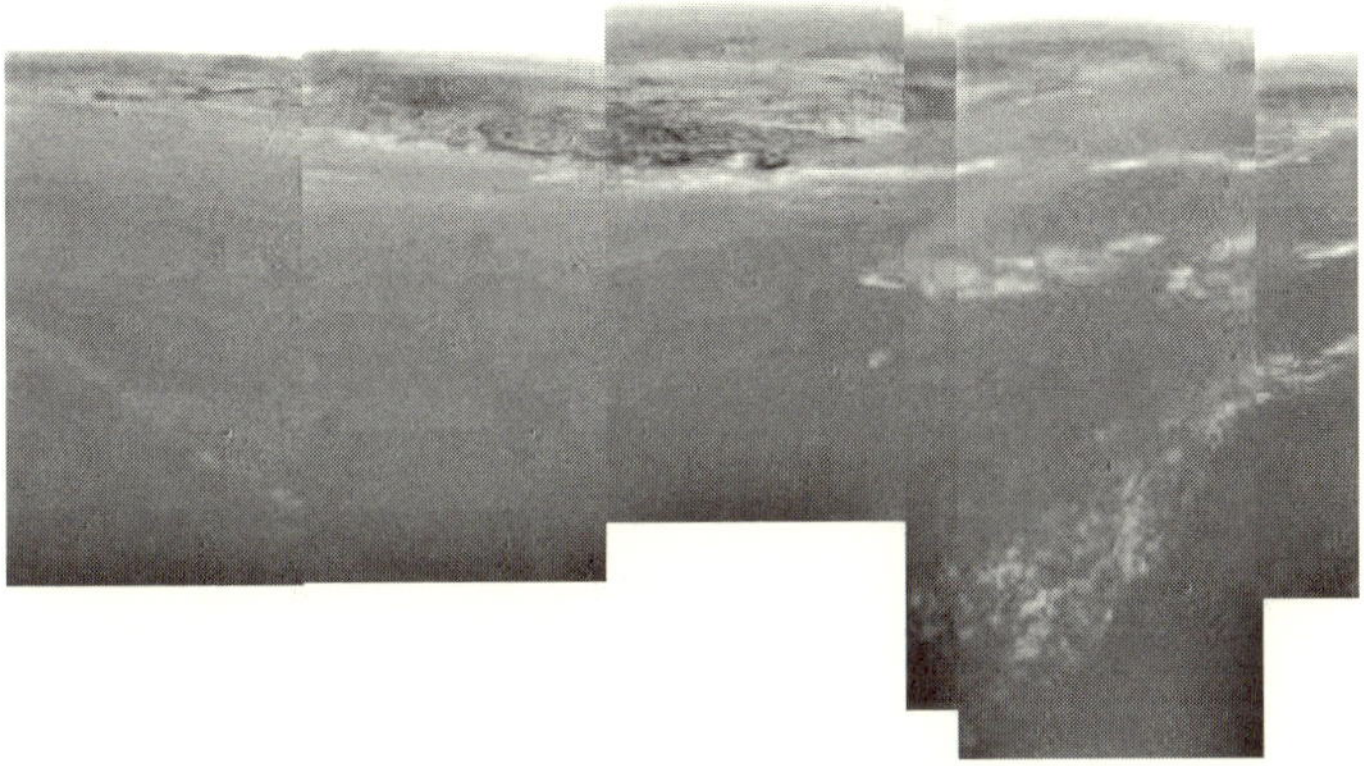

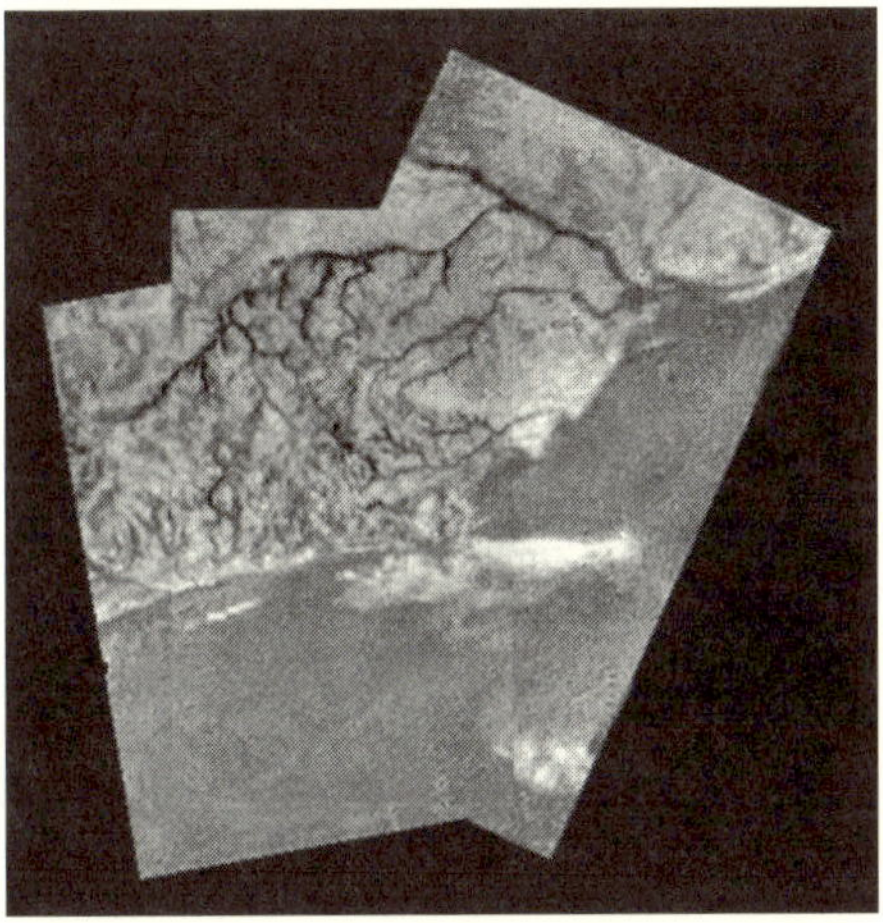

タイタン表面の、川のような地形（ホイヘンスが降下中に撮影したもの）。©NASA/JPL

在である。木星の衛星イオに見られるように、現在でも火山活動の続く天体上では、流れ出る溶岩によって、クレーターは埋められ、消し去られてしまう。そのため、そういう活動のない天体に比べればクレーターの数が極端に少なく、それを画像として見るチャンスは少なくなる。タイタンでは今でも氷の火山活動が続いている可能性が考えられる。火山活動があるとすれば、これもまた、地殻と内部をめぐる物質循環の存在が示唆される。

水とメタンという違いがあるにせよ、太陽系では地球とタイタンにだけ、海（タイタンの場合は湖）と大気と地殻を経由する、物質循環があることになる。実はこうした物質循環の存在こそ、生命の存在と並んで、これまで地球の特異性として挙げられてきた条件なのである。太陽系にもうひとつの地球があったと称する所以はここにある。

ホイヘンスは降下中に、画像を撮るだけでなく、タイタンソリンと称されるオレンジ色のもやの成分を測定し、その光学的な性質も分析している。それがどんな有機物なのか、その組成と構造が明らかにされることは、生命の材料物質が如何に合成されるかという、いわゆる化学進化の過程が観察されることを意味する。生命は地球にしかいないのか、あるいはこの宇宙で普遍的な存在なのか、二一世紀における科学の最大の目標に向かって、辺境に普遍を探る旅が本格的に始まったのである。

近代化とはどういうことか

毎年何度となく海外出張を繰り返しているが、専門とする学問が惑星科学という、一応最先端の宇宙技術に関係するため、学会や研究連絡等で訪れる国は、欧米がほとんどである。かつてはそれに旧ソ連が入っていたが、最近は、ロシア独自の惑星探査計画がないため、訪れていない。その代わり、といってもここ一〇年ほどだが、地質学的な野外調査を始めたので、その調査地域である中南米に出かけることが多くなった。しかしアジアとなると、そういう機会もなく、これまでほとんど訪れたことはなかった。

ところが、たまたま二〇〇三年に、政府の「新日中友好21世紀委員会」委員を頼まれた関係で、以来年に二回ほど、訪中の機会がある。それ以前は、ただ一度、長江文明調査の関係で、長沙を経由して玉蟾岩《ぎょくせんがん》遺跡を訪れた経験しかない。玉蟾岩遺跡は、一万四〇〇〇年前に栽培された稲の籾殻が発見された遺跡で、桂林のような奇岩の立ち並ぶ地にある。何事も最初というのは感動的なものである。旅の面白さとは、非日常性の体験にあると思っているが、その時は久しぶりにそれを満喫した。思い出すままに挙げれば、中国ではまさに人が雲霞のごとく湧いてくるという表現の現実であり、車に乗ることに恐怖を覚えるという体験であり、また桃源郷という風景が現存することの確認である。

車に乗ることに恐怖心を覚えるというのは、説明がいるかもしれない。具体例を挙げておこう。長沙から玉蟾岩遺跡のある場所までは、一〇時間以上ドライブしなければならない。例えば田舎道で、延々と連なる車に追い越しをかけるとする。政府関係の車の場合、運転手は権力を笠に着て強気だから、片側一車線の対向車線を前方から車が来ていようがおかまいなしに、クラクションを鳴らしながら、そのまま突っ走るのだ。追い越しが終わるまで、そのまま走り続ける。結局どちらが先に道を譲るか、ぎりぎりまでお互いに度胸試しをしていることになる。大概の場合、対向車線の車が、結局はあいている路肩にそれ、衝突を回避するが、乗っている乗客はたまらない。そんなケースが頻繁にあることは、道の傍らの畑のなかに、横転した車をしばしばみかけたことからも推測される。

都会を通り抜けるときも別の恐怖を感じる。雲霞のごとき人ごみのなかでも、ほとんど速度を落とさずに走る。見ていると通行人は決して車を見ない。車が接近しても無視して道を横断するのである。推測だが、車を見たらさすがにひるんで躊躇するからだろう。運転手はそれをすれすれでよけていく。はらはらどきどきしながらそれを見ているのは疲れる。どちらが弱虫か、その肝試しのゲームがあるが、まさにそれである。いずれにしても、人に生殺与奪の権を預けることが信じられない。結局はまだ車社会のルールが定着していないということだろうが、それはまた、近代化に対する考え方の問題でもある。

話のついでにもうひとつ余談を紹介しておこう。もっと時間を遡れば、アジアにも、全く行ったことがないわけではない。遠い昔、まだ学生だった頃、当時アジア・ハイウェイと呼ばれた道を、ヨーロッパからパキスタンまで、車二台で走破したことがある。その頃はまだ、その種の車による冒険旅行的な試みが珍しく、アジア・ハイウェイをヨーロッパからネパールまで、しかも夏の砂漠を走るというキャッチフレーズで寄付を募ると、一応それなりに寄付が集まって、この種の冒険も可能だったのである。

その時、旅の最終目的地としたのは、ネパールのカトマンズである。途中、トルコのイスタンブールで、ボスポラス海峡を渡れば、いよいよアジアである。その後訪れていないから、どう変わったか知らないが、当時はそのとたん、アリババと四〇人の盗賊の物語の世界に入ったことを実感した（実は最近〈二〇〇七年五月〉、三七年ぶりに、イスタンブールを訪れる機会があった。その変貌ぶりは戦後の日本と同じである。西欧化が進む一方で、モスクの多さ、顔をベールで隠した婦人の多さなど、世俗主義とイスラム教との確執も目立つ）。羊の群れが道をふさぎ、そこをゆっくりと通過すると、棒を振りかざした羊飼いが車めがけて襲ってくるとか、崖に挟まれた道では、物陰から岩が飛んできたりとか、危うく難を逃れるというような経験を何度となくした。日本では当時、学生運動のスローガンのひとつとして、世界の人民との連帯などが叫ばれていたが、所詮、観念的概念でしかないことは、以後の旅の過程で身をもって体験した。もちろん、この時が筆者にとって初めての海外旅行である。日本での体験と、書物の上での知識を基に、当時普遍と思っていた考え方のいくつかが、まさにこの時崩壊した。それはたとえば国家という存在である。

しかしこの旅は、諸般の事情で目的地までは到達できず、パキスタンのラホールでその遠征を終了した。従って、インドより東のアジアは、私にとってまだ一度も足を踏み入れたことがない地域として残っていたのである。そのインドを訪問する機会が偶然訪れた。某財団の、文明間の対話というプロジェクトを手伝う機会があり、その対話をインドのヴァラナシという町で行うことになり、かの地を訪れることになったのである。

海外旅行を繰り返し、いくら旅慣れていても、まだ見ぬ初めての地を訪れるのは、いつの場合も心ときめくものである。六五〇〇万年前の、巨大隕石衝突の痕跡を求めてキューバを訪れた時も、長江文明の調査で中国を訪れた時も、アジア・ハイウェイ走破の旅でも、いずれも同様の感慨を覚えたことを思い出す。それはまさに先にとりあげたような、惑星探査機が、まだ見ぬヴェールに包まれた太陽系天体を、初めて訪れるようなことに例えられる。私の、大脳皮質内部に構築されている内部モデルの、その辺境が拡大されるという感動である。

中国に行くようになってから、あるいはそれは、最初の海外旅行であったアジア・ハイウェイ走破の旅の時から漠然と感じていたのかもしれないが、今回インドを訪れ、かの地の研究者との討議を通じて、具体的にはっきりしてきたことがある。実はその直後に、マレーシアのクアラルンプールも訪れる機会があり、そこで更にそのことが明確になった。近代化とは何かという問題である。

そもそもこれまで、日本以外の地に住んだり、訪れたりという経験は、欧米しかなかったので、その時までそんな問題を具体的に感じるきっかけすらなかった。欧米とは、まさに現代文明そのものである。また自然科学の考え方そのものが、近代化という問題には深く関係している。それらにどっぷりと浸りきっていたのだから、やむを得ない。なお、アジアが辺境といったら、いまどき笑われようが、ここでは現代文明に対する辺境の意味であり、地理的な意味ではない。前に指摘したように、辺境を探ることにより、逆にその世界の中心を支配する普遍なるものの考え方の本質が、浮かび上がる。まさにそのことを、現代文明を例に考えてみたい。

結論を先に述べれば、近代化とは、あるルールを受け入れる、単にそういうことではないかと考えている。

筆者の見たヴァラナシの風景は、遠藤周作が『深い河』の中で、あるいは沢木耕太郎が『深夜特急3』の中で記述しているのと、ほとんど変わりがなかった。例えばこんなふうである。

バスのなかでも街の臭気が感じられた。汗の臭い、どぶの臭い、露店の揚げものの臭い、そして過激な色、真鍮や銅の容器が、暗い店のなかでもきらめいている。黄や柿色や黒色のサリーをまとった女たちの流れ。瘦せに瘦せて背骨と肩の骨が飛び出した灰色の牛が歩いている。埃が舞うなかを一頭の象が柴を背負って追いたてられていく。

（遠藤周作『深い河』・講談社文庫）

ベナレスはヒンドゥー教徒にとって最大の聖地である。ここを流れるガンジス河の水で沐浴すれば、あらゆる罪は洗い流され浄められる、という。しかし、私がベナレスに立ち寄ることにしたのは、ヒンドゥーの聖地としてのベナレスに関心があったからではなく、ベナレスという町がカルカッタに匹敵するほどの、猥雑さと喧噪に満ちた町だと聞いたからだった。

確かにそれは間違いなかった。ベナレスの駅を一歩出ると、リキシャが客を引く喧噪のただなかに放り出されてしまった。

(沢木耕太郎『深夜特急3―インド・ネパール―』・新潮文庫)

初めはそのことに驚いたが、考えてみれば当たり前のことである。これまで何千年もそうだったのだから、数十年で変わる理由はない。

滞在先は偶然にも、『深い河』のなかに登場する、日本からのパック旅行者の泊まるホテルであった。ガンジス河沿いの町の中心部からは少し離れているが、三輪の自転車タクシーで一五分ほどの距離である。訪れたのは二月半ばだったが、その時期は、現地の人の説明によると、結婚シーズンの終わり頃とかで、毎晩のように町のあちこちで、結婚式が行われていた。ホテルでの夕食時、にぎやかな音楽が聞こえ、それはたまたまホテルの中庭で行われた結婚式によるもので、身近に民俗的な結婚式を鑑賞することができた。伝統的な衣装を身にまとい、白馬にまたがった新郎の周りで楽隊が演奏し、親戚、友人らであろう男性らが、レイのような花飾りを順繰りに首にかけかえ、挨拶を繰り返していた。

ヴァラナシが、現代文明からの距離という尺度で測れば、辺境に位置する町であることは、誰もが異論のないことだろう。原色の派手な布に覆われた死体が、関係者に担がれて町中を運ばれ、河岸で焼かれる風景とか、道路を河の様に流れる人と自転車タクシーの群れとか、見馴れないヒンズー教の風俗とか、いわゆる欧米の都会では見かけない光景があちこちに見かけられる。それは単なる現象論的な光景の違いだけではない。現地で議論した宗教学者とか歴史学者とかも含め、ものごとの考え方の根本まで、何か違うような印象をもった。

逆に言えば現代文明とは何か、が問題である。一般には現代文明という尺度で、近代化の進み具合が判断されるからである。自然科学者として筆者はそれを、「地球システムのなかで人間圏を作って生きる生き方」と定義しているが、余分な説明の要らないきわめて単純な物言いをすれば、あるルールを受け入れるか否かである、といってもよい。例えば、近代自然科学的な理解の仕方は、現代文明を語る上でその根幹をなす考え方である。近代の教育システムそのものが、それを前提に成立している。しかしそれは、二元論と要素還元主義という二つの考え方を認めなければ、成立しない。

我々が脳のなかでやっていることは、外界からの情報を処理する作業である。それは脳幹、脊髄のレベルでの条件反射的なものから、大脳皮質における、ニューロンの接続によって形成されたネットワークによる外部情報の内部モデル化というレベルまで、さまざまである。それらが互いに矛盾する判断を下してもおかしくない。そうなると行動は制御不能に陥るが、幸いなことに我々には、それを瞬時に調節する機構も備えられていて、脳の判断とその情報の各機関への伝達と指令は、全体が制御された状態にある。

脳のなかに外界を投影した内部モデルを構築するということは、現生人類なら誰もができる能力だが、それが各個人で異なっていては、我々は人間圏というような巨大な共同体を運営できないだろう。そのためには、外界を脳の内部に、モデル化できるような何らかのルールがいる。近代自然科学とは、その共通のルールとして、二元論と、要素還元主義を採用しているに過ぎない。それが極めて有効なルールであったことは、結果として我々が現在、自然を深く理解し、その知識を人間圏に還元し（それを技術という）、物質的に豊かな生活を実現していることからもうかがえる。同じ神を信じるなら、それを信じる人達から成る共同体では、それもまたひとつの共通ルールにはなりうる。しかし、それは結果として、現在のような物質的に豊かな社会を生み出したわけではない。

多くの人々にこのルールは受け入れられているが、受け入れない人々もいる。それは米国のように、近代科学技術文明のメッカのような国にもいる。学校教育において、ダーウィンの進化論ではなく、人間は神の創造によるという創造説を教えている州は、現実に今でも複数存在する。そのような人々でも、しかし、民主主義や資本主義のルールは受け入れているから、見掛けはヴァラナシのようなことはない。

現代文明といってもその意味は多岐にわたる。従って、そのルールは、それぞれの関連領域で設定される目標によって異なる。例えば、自然のしくみを理解するとか、その人間圏への応用である技術を発展させるとかでは、ここに述べたルールは有効だが、人間とは何かという問題に関してはあまり有効ではない。当然、人間が関与する社会的な現象にも、人間とは何かが理解されていないのだから同様である。

このルールを受け入れるということが、近代化ということの本質のように思われる。このことは、当たり前のように思えて、意外と認識されていない。例えば、最初に紹介した中国の例も、車社会とはどういう社会で、どういうルールの下に運営されているか、という認識とルールの受け入れが、国民に欠如しているから起こる現象に他ならない。

ヴァラナシでも同様である。ここでは今でも、近代化された都会が受け入れているさまざまなルールの代わりに、かつての現代文明以前のルールが採用されている。そのような場で例えば、近代化とは何ぞや、ということが議論されると、近代化によって平和がもたらされたかというような、見当違いの議論が引き起こされたりする。近代化というとき、一般的にその目標に設定されているのは、経済的繁栄、すなわち物質的豊かさであって、平和ではない。

9・11以降の世界と近代化との関連についても、同様のことが言える。国民国家から成る近代以降の世界では、戦争にもあるルールが定められているが、そのルールの下での争いの代わりに、テロというルールのないゲリラ戦が展開されているのが現状である。これもまた、ユニットを国民国家とする現在の人間圏において、それに異議を唱えるユニットが存在し、そこにおいてはそのルールが受け入れられていないという問題と考えられる。

ルールは実効的でないと受け入れられない。そのためには力が要る。イランやイラクではそのために、かつては独裁的な政権が誕生し、近代化路線が追求された。それは軍事的な力に限定する必要はなく、経済的な力でもよい。そのルールを受け入れれば豊かになるという現実があれば、それを受け入れる国は増える。かつて明治期の日本もそうであった。現在、その状況が異なるのは、すでに世界が、筆者の言葉で言えば人間圏だが、これまでのように右肩上がりで、経済的に繁栄し続ける状況にはないからである。

ヴァラナシから帰国後、一カ月ほどしてマレーシアのクアラルンプールに出かけた。当地で開催された「イスラム科学会議」に出席するためである。状況がよく分からないまま、招待を受けたからという程度の軽い気持ちで出かけたのだが、期待としては、イスラム圏の国家が科学をどのように考えているかが、わずかながらでも分かるのではないかと思ったのである。しかしそこは予想通り、自然とはなんぞやという科学的話題を議論する場ではなかった。その会議の本質を一言で表現すれば、富国強兵をいかにして実現するか、その目的達成に向けて科学技術政策をいかに進めるべきかという、かつて明治期の日本で行われていたような議論が活発に交わされる場であった。従って、会議には主催国の首相はじめ科学・技術担当の大臣など、多くの要人が参加している。そのような場で韓国の代表が、科学技術をいかに国家の経済的発展に利用したか、その仕組みについて自国の例を宣伝し、売り込みに躍起となっている姿を目撃した。その講演に関心を寄せる各国代表が多いという事実もまた、アジアにおける近代化の現状を物語っている。

日程の都合で、クアラルンプールには、ヒューストンで開催された「月惑星科学会議」の帰途立ち寄った。「月惑星科学会議」は、一九六九年のアポロ計画以来毎年開催されている会議であるが、二つの会議の性格の違いは、まさに別の意味で近代化の意味を問いかけている。目的と手段の違いである。近代化を問うとき、我々はそれが何を目標としているのか、その前提を問うてみる必要があるのだが、アジアの現状はそれには程遠い。同じ科学という言葉を冠した会議だが、その討議の落差に、人間圏の現実を目の当りにする思いがした。

普遍性への挑戦

二〇〇五年七月末から八月初めにかけて、「新日中友好21世紀委員会」第三回会合のため、中国雲南省を訪れた。訪れたのは、省都昆明、そしてそこから飛行機で小一時間程の麗江である。もちろん筆者にとって初めての訪問である。ガイドブックによると、この地域の気候は、常春と表現される。確かに暑くも寒くもなく、しかも気象は、山岳地帯にもかかわらず安定している。〃シャングリラ〃(すばらしいところ)と称される、アルカディア(過去の理想郷)なのかユートピア(未来の理想郷)なのか知らないが、そんな地域への入り口にあたるらしい。風土、風習とも、確かに日本人には馴染み深く、過ごしやすそうだ。

会合そのものは、〇五年当時の日中関係を考えればすぐに想像できるように、具体的な成果に乏しく、ここであれこれ紹介するような話題はない。しかしこの地でこのような委員会が開催されたことは、ある意味この時期、極めて時宜にかなったものであったかもしれない。なぜか?

よく知られているように、この省は、少数民族の多く住む地域である。ナシ族、イー族、バイ族、チベット族など、二二の少数民族が住むという。彼らと、軽く会釈程度の挨拶をかわすと、はにかむように微笑み返す。中国における筆者の経験が少ないからかもしれないが、それがなんとも新鮮に感じられるのだ。警戒するかのような、とげとげしい雰囲気は感じられない。むしろその風情には、親しみを感じる。そうしたやり取りを反芻するかのように思い返していて、はたと思い浮かんだ。

その仕草は少数民族に共通する特徴ではないか、ということだ。かつての漢民族に代表されるように、軍事的にも文化的にも経済的にも、覇権を求める中華思想にどっぷりと浸りきった人々と対峙せざるを得ない時、少数民族はその友好の気持ちを、目に見える形で、素直に表現せざるをえない。それがそのまま、彼らの立ち居振る舞いに現れているのではないか、と感じたのである。

翻って己が民族の立ち居振る舞いを考えてみるとよい。それはまさに少数民族そのものではないか。わけもなく微笑み、決して自己主張しない。それは奇妙な、むしろ奇怪な立ち居振る舞いとして、西欧社会のなかで我々がいつも指摘される問題である。それはつまるところ、我々も結局は、東アジアの少数民族であることの証ではないのか。

かつて米国に住んでいた時、あるいはその後学会に出席したりした時など、我々より上の世代の研究者から不思議がられたことがある。君たちの世代は何でそんなに物怖じしないのかと、まさにしみじみというのである。彼らは敗戦後の貧困のなかで、様々な国際的援助の仕組みのなかで、留学をし、学問を続けてきた。自己主張をしていても、その心の奥深くに何となくためらいがあるというのだ。我々はたまたま戦後の高度成長期に至る時期に学位を取得し、招聘されて海外に住み、彼の地の研究者と交流し、いつとはなしに対等の立場に立ち、なんとなく引け目を感じる、そのような気分を払拭してしまったのかもしれない。

一五〇年くらい前、我々は欧米の近代文明に接し、たまたま中国より先にその摂取に努め、その結果初めて実質的に、中華文明の呪縛から解き放たれた。もちろん既に、信長、秀吉、家康の時代から、日本を中華と考え、中華文明を超越する仕組みをあれこれ模索して来た歴史的事実はある。しかしそのことが誰の目にも明らかなくらい内外に示されたのは、帝国列強の仲間入りをするほど富国強兵に成功した、明治維新後のことである。それから五〇年くらい、アジアにおける〝中華〟的国家として振る舞い、そして敗戦を迎えた。その間〝少数民族〟的国家という自覚はなかったように思える。加えて、敗戦の気分を長期的に引きずることなく、冷戦構造という新たな世界情勢の変化と、朝鮮戦争の勃発による特需で、戦勝国の一員である中国よりはるかに早く、経済的には世界の枠組みのなかに取り込まれ、再び発展したのは強運としか考えられない。今問われているのは、まさに駆け足のように走り抜けてきた、その戦後である。

確かに我々は極東国際軍事裁判によって裁かれた。しかし、それは戦勝国によって一方的に裁かれたのであり、我々自らが自らを裁いたわけではない。自らを総括することなく、基本的には今もって戦勝国クラブの構造を反映した国連の常任理事国として、政治的にも世界の枠組みのなかに入れるほど世界は甘くない。このことは昨今のニュースが示している。

少数民族の話が思わぬ方向へとそれたが、もちろん、中国側がそこまで戦略的に分析してこの地で第三回会合を開いたわけではない。しかし個人的には、自らをこれまで少数民族として認識したことがなかったが故に、この認識は新鮮で、かつなぜか納得させられた。

　戦略的といえば、今回の会合に際し、別にもうひとつ考えさせられたことがある。相変わらず会議の中心的話題は、小泉総理（当時）の靖国参拝に関する問題である。この問題に関する中国側委員の発言を聞き、その字面だけを追う限り、靖国参拝を、小泉総理の中国に対する戦略的行動として分析し、対応しようとしているように思える。それは中国政府首脳の発言と、基本的には変わらない。

　この委員会委員に任命されて以来、小泉総理を何度となく表敬訪問し、その思いを直接聞いているが、靖国参拝は彼の極めて個人的な心情に基づく、私的なものとしか思えない。そこに、中国に対する何らかの、戦略的思考があると考える日本人はほとんどいない。しかし、中国政府、あるいはその周辺の人々の分析は違うようだ。

　このすれ違いの感じを例えて言えば、プロ野球界でよく語られる、長嶋と稲尾あるいは野村との違いということになろうか。長嶋は来た球を素直に打ち返すだけで（のちにカンピューターとも評された）、いわゆる〝読む〟ことはしない、といわれる。それに対し、稲尾も野村も初めて長嶋と対戦したときは、必死に〝読もう〟として失敗し、最終的にはそのことに気づいたという話である。

　中国の政治家あるいはその周辺は、戦略的思考に慣れている。なんと言われようと彼らは、実質的には一五億を超える民を統治するエリート集団である。その人生を、様々な権謀術数を用いてくぐりぬけ、生き残ってきた、その意味ではまさにしたたかな政治家である。まともな政治家なら戦略的に考えるはずと、疑いもなく考えているに違いない。その相手の戦略を読めないとなると、いたずらに相手を過大評価し、怯えることになりかねない。中国の靖国参拝に対する硬直した、過剰とも思える反応を見ていると、そんな風にも感じてしまう。

麗江市は、麗江ナシ族自治県の中心で、ナシ族の多く住む地域である。ナシ族の女性は、朝早くから夜遅くまで身を粉にして働くとか。北斗七星の現れるときまで働くので、それを象徴して、背中の肩の部分に星が七つ彩られた民族衣装を身にまとっているのだといわれる。結婚は今でもそれぞれの民族内で行うのが普通のようで、民族が入り混じるということはないらしい。居住地がそれぞれに住み分けられていることと、言葉が違うことがその大きな要因であろうか。ナシ族に限らず、それぞれの少数民族はそれと識別できる民族衣装を、今でも身にまとっている。衣装代は、ひと揃いで五〇〇～六〇〇元(当時の一元は約一六円)というから、結構高い。

ナシ族の男性は力仕事以外ほとんど働かず、女性が農作業をして食べさせてくれる男性天国とか。民族衣装を身に着け日本語を流暢に操る若いナシ族の女性ガイドが、日本語とナシ語の類似点とか、ナシ族の風俗、風習をいろいろと紹介してくれたが、一番驚いたのは夜の観劇の時である。ナシ族の古来からの風習として、通い婚とか、心中とかが、その物語のメインテーマとして登場したのである。漢民族に心中という風習はない。一九八〇年代に、日本人の故郷としてこの地とナシ族についての研究が行われたことも納得させられる。

また、ナシ族といえばトンパ象形文字が有名である。自然を崇拝するナシ族の原始宗教が、ラマ教、大乗仏教、道教の影響を受けてトンパ教となり、その僧侶が独特の象形文字を駆使してトンパ教の経典を書き、それが現在に至るまで使われている。トンパ文字は、絵文字から象形文字へ移行する段階の文字である。文字や符号の構造が原始的で素朴であるが故に、三〇〇〇年あまりの歴史がある甲骨文より更に原始的ではないかといわれている。

その図柄が面白いので、世界遺産に登録されている麗江古城の本屋で、トンパ象形文字の本を買い求めた。麗江古城が見渡せる万古楼で、休息をとりながらそのページをめくっているうち、その文字を刻んだ木版がほしくなり、「天地開闢」という文字を刻んでもらった。象形文字は文字通り外界の在り様を脳の内部に転写するようなものである。見るという行為を通じて、外界が脳の内部に転写される、その過程を垣間見るようで、いつとはなしにそれにのめりこんでしまったようだ。さらには、訪れた博物館で占いまでしてもらった。

雨季でなければ山並みの彼方に、ナシ族にとっての霊峰、玉竜雪山が望める、風光明媚な山麓のレストランで、麗江市人民政府主催の午餐会が開かれた。その挨拶で、中国側の鄭必堅座長から、この地域が、プレートテクトニクスによる地殻変動のため隆起し、その結果形成された地質学的名勝であること、また、この山並みが東南アジアと中国の分水嶺になっていることなどが紹介された。かつて中国共産党の党校の副校長、あるいは胡耀邦総書記の秘書を務めた党の長老から突然、プレートテクトニクスという言葉を聞いて驚いた。

党一筋で、その理論的課題の探求に明け暮れてきた経歴から判断する限り、一九七〇年代に発展したプレートテクトニクス理論をどこで学習したのか、その学習の場が思いつかない。マルクスが資本論を執筆する時、進化論から示唆を得たことは有名であるし、従って共産圏諸国ではかつて歴史や唯物論が重要視され、地球の歴史を扱う地質学も振興された。中国共産党の党校に、そのようなカリキュラムがあるのか聞いてみたい気がする。ちなみに、現在の中国のトップ3（国家主席、全人代常務委員長、国務院総理）はいずれも理科系出身である。特に温家宝総理は地質学を学んだと聞いた。大学生の七割が理科系だと聞いた記憶もあるから、トップが理科系出身というのは、驚くことではないのかもしれない。なお、理科系出身と共産党の相性の良さは、日本でも、かつて共産党幹部に複数の東大物理出身者がいたことからも納得させられる。

この地域は確かに、ヒマラヤから連なる山岳地域で、ヒマラヤが隆起した時同様に形成された。そのことは付近の名勝の地、石林とか大理とかを訪れれば実感できるはずである。〝はずである〟と推測を述べたのは、残念ながら今回は実際に訪れることができなかったからである。ちなみに、大理は大理石の語源となった地名である。訪れなくても、その雰囲気は感じられる。麗江の空港に降り立った時、その建物が壮大な石造りであることに驚かされたが、見た目から石材はおそらく大理石であろうと判断された。

およそ四五〇〇万年前、ユーラシア大陸プレートにインド亜大陸プレートが衝突した。その結果形成された地形が、この付近の山岳地帯である。プレートというのは、地球の表層一〇〇キロメートルくらいを覆う岩石圏（リソスフィアー）が、十数枚に割れた、その一枚一枚をさす用語である。地球を覆うのは十数枚のプレートであるが、それらが独立して互いに水平に移動する。その際、境界が離れたり、こすれたり、衝突したりするが、それが地震や火山の噴火、褶曲などの自然現象を引き起こす。

プレートには二種類ある。その上に大陸地殻を載せた大陸プレートと、海洋地殻を載せた海洋プレートである。大陸地殻を構成するのは花崗岩を主とする岩石で、それは海洋地殻を構成する玄武岩とは異なる。なお地球が他のいわゆる地球型惑星とか、岩石衛星と比較して特殊である理由のひとつが、花崗岩なる岩石の存在と、それから成る大陸地殻の存在である。太陽系では地球以外、まだ花崗岩なる岩石の存在は知られていない。一方玄武岩は、太陽系ではありふれた岩石である。月にも火星にも金星にも、ベスタと呼ばれる小惑星にも、あるいはまだ物質として分析されたわけではないが、水星にも存在する。

玄武岩は、溶岩が地表に噴出し、固化してつくられる岩石である。花崗岩も同様に、火成活動に伴って形成される岩石であるが、地中で固化し、従ってゆっくりと冷えた痕跡がその岩石組織中に残される。成分も異なり、玄武岩に比べると珪酸に富む。そのため重さが異なる。玄武岩のほうが重いのである。玄武岩地殻を載せた海洋プレートと花崗岩地殻を載せた大陸プレートが衝突すると、この重さの違いが効いて、海洋プレートは大陸プレートの下にもぐり込む。日本列島付近で、太平洋プレートがユーラシア大陸プレートの下にもぐりこんだり、同様にフィリピン海プレートがユーラシア大陸プレートの下にもぐりこむのは、そのためである。

一方大陸プレートと大陸プレートが衝突すると、どちらかがもぐりこむというわけにはいかず、しわが寄り、あるいは重なり合う。インド亜大陸プレートがユーラシア大陸プレートに衝突したケースが、その例である。日本列島付近でもユーラシア大陸プレートと北米大陸プレートが境界を接しているが、こすれあうような関係で、しわが寄ったりはしていない。インドの地下の地殻の厚さは、従って、普通の大陸地殻の厚さの二倍くらいある。

インド亜大陸はかつて、現在のマダガスカル島をはさんでアフリカ大陸の東海岸とくっついていた。それが分裂し、北上し、約四五〇〇万年前ユーラシア大陸に衝突した。その時、間に挟まれていた海底が隆起し、従ってヒマラヤの山々では山頂付近で、アンモナイトなどの化石が発見される。地球の歴史がどのくらい昔まで遡るのか、このことの詳細が知られたのは二〇世紀後半のことであるが、それ以前は聖書の記述から地球の年齢を推定したりしていた（四二頁参照）。それはたかだか六〇〇〇年といった程度にしかならないが、まだキリスト教の影響が強かった頃でも、地球の歴史がもっとずっと長いことは、既に識者には、このように山の上（例えばアルプス）に残された魚の化石の存在から知られていた。

ここまでが実は、辺境に普遍を探るというタイトルにつながる、長い導入である。地質学には、最も普遍的と考えられてきた原理がある。それは現在生起する自然現象が過去にも起こったと考えることである。現在の世界では起こらない、何かアドホックな現象を導入して、過去の事象を分析したりしない、という考え方である。難しい言葉だが、斉一説という。この普遍性に対する挑戦が二〇世紀に始まった。その一つがプレートテクトニクス理論である。

二〇世紀に至るまで、大地は不動と考えられていた。大地は垂直方向には積み重なるが、水平方向に動くことはない。この信念に挑戦したのが、ドイツの気象学者ウェーゲナーである。大陸の周辺の形に注目し、大陸をジグソーパズルのように組み合わせ、かつて大陸はくっついていたと主張したのである（二九頁参照）。そのことを証明するため彼は、生物の分布や、地層の分布を調べ、かつてはそれぞれがくっついていた証拠とした。大陸移動説と呼ばれるこの考え方が認められ、発展したのが、プレートテクトニクス理論である。

二〇世紀後半になって、もうひとつ斉一説が覆された。天体衝突のようなアドホックな現象が、地球や生命の歴史に関わることが明らかにされたのである。かつての地質学では、このようにあるとき突然起こる、偶然のような現象を用いて過去の記録を解析することは、邪道として排斥されていたのである。それはまさに、科学的とはいえない態度の、典型と考えられていた。

それが転換しはじめたのは、人類が月に探査機を送り、月の自然を研究しはじめた時である。月の地形として最も一般的なのは、丸い穴ぼこの形状をしたクレーターである。そのクレーターが天体衝突によって形成されたことが明らかになり、天体衝突の重要性が認識された。その後、惑星探査の進展に伴って、クレーターは月以外の天体でも、固体地表を持つ天体には普遍的に見られる地形であることが明らかにされた。そして地球でも、六五〇〇万年前の恐竜を含む生物の大絶滅が、巨大隕石衝突によって引き起こされた証拠が発見された。今では、天体衝突こそ、地球を初めとする太陽系天体の起源と進化を支配する最も重要な物理、化学的過程であると考えられている。

二〇〇五年七月四日、人類は宇宙において、壮大な天体衝突の実験を行った。ディープ・インパクトと呼ばれる探査である。テンペル1彗星に、三七〇キログラムほどの観測機器を秒速一〇キロメートルを超える速度で衝突させ、その際生じる現象を、探査機に搭載された観測機器を用いてその場で観測した。結果は予想通り、衝突と同時に大量のガスと塵が噴出し、直径一〇〇メートル近い大きさのクレーターが形成され、彗星の地表のすぐ下の、その内部の様子が明らかにされた。そこには多量のちりがたまっていたのである。宇宙という智の辺境を探る旅は今も同時進行の形で進みつつあり、一方で我々は、地の辺境にそれを探ることもできるのである。

アストロバイオロジー

中国、雲南省を旅した後、二〇〇五年は九月にタイを訪れて、二〇〇四年末の津波の調査を行った。このことについてはのちに詳述したい。その後、一一月は前半パリ、後半はマドリードを訪れた。二〇〇五年は、四月と八月にドイツ、マインツを訪れている。ヨーロッパに年四回というのは例年に比べれば多い。

パリを訪れたのは、ユネスコ本部で開催された会議に参加するためである。「文化の多様性と価値の多元性―東西間の哲学的対話―」と題されたこの会議は、筆者の専門とする領域ではない。しかし、自然科学者が考える文明について語るよい機会だと判断し、招待を受けて参加した。そこで「宇宙から見た（地球システム論的）文明論」と題した講演を行った。本書でも、折に触れて展開しているチキュウ学的文明論の紹介である。

一方マドリードは、アストロバイオロジー・センターにて、筆者の研究室における最近の研究の紹介を行うためである。文明とアストロバイオロジーとでは全く異なる印象をもたれるかもしれないが、筆者の頭のなかでは、最近は、どちらも同じ土俵の上のテーマ（生命と文明の普遍性）である。ここではその辺のことを述べてみたい。

そもそもアストロバイオロジーという用語を、初めて、目あるいは耳にする読者も多いだろう。そこで初めにアストロバイオロジーの紹介をしておく。それはまさに、本稿のタイトル「普遍を探る」に関係する。アストロバイオロジーなる用語は、NASAが、一九九八年頃使用し始めた用語である。従ってまだ一般に馴染みが薄いのも当然かもしれない。二一世紀の科学としてNASAが提唱する、現在進行形で構築されつつある、全く新しい学問の名称である。

研究目標として一〇のテーマが設定されている。①地球上の生命の起源、②生命システムを維持する一般原則は何か、③分子レベル、個体レベル、生態系レベルでの生物の進化はいかにして起こったのか、④生物圏はいかにして地球と共進化してきたのか、⑤他の天体の環境にも適応しうる地球生命の生存限界条件を明らかにする、⑥地球はなぜ生命の住む惑星になったのか、同様な天体はこの宇宙に存在するか、⑦地球外生命の存在をいかなる方法で検出するか、⑧太陽系内に生命は存在するか（たとえば火星、タイタン、エウロパで）、⑨生態系は人類による一〇〇年程度の環境変動にどのように応答するか、⑩地球生命は宇宙空間や他の惑星の環境条件に適応できるか、である。

それらのテーマを一般の人向けに言えば、「我々はどこから来てどこへ行くのか？」、「我々は宇宙で孤独な存在か？」である。二〇〇〇年を機に毎年米国で、「アストロバイオロジー科学会議」と称する学会が開催され、世界中から五〇〇名を超える参加者がある。

アストロバイオロジーを日本語に訳すと宇宙生物学となる。しかし、筆者はこの用語を使用しない。カタカナでそのままアストロバイオロジーと表記している。なぜか？　その理由は簡単である。宇宙生物学という用語が、日本ではすでに一〇年以上前から、ある研究分野で用いられているからである。その研究分野は、ここで紹介したアストロバイオロジーの研究テーマの、一部に過ぎない。欧米でも事情は同じである。アストロバイオロジーなる名称の登場以前に、例えばエクソバイオロジーなる用語が用いられてきた。これを訳せば地球圏外生物学となる。いずれも宇宙における生命がテーマであるが、これまでは、宇宙という極限環境における生物実験や、宇宙検疫にかかわるテーマが中心であった。

宇宙検疫とは、これまた耳慣れない用語かもしれない。宇宙に打ち上げる探査機や、その内部に積み込まれた観測機器に付着した地球生命が、他の太陽系天体を汚染しないよう、滅菌することをいう。本来は殺菌すべきなのだが、殺菌はとてもできないので、仕方なく滅菌で我慢する、というのが現状なのだ。なぜなら、観測機器はほとんどが電子機器であるため、地球生命が死滅するほどの高温まで加熱して殺菌することができないからである。紫外線や放射線照射では細菌の類はなかなか殺菌できない。実際、その昔月面に打ち込まれていた観測機器を、アポロ計画で持ち帰り、調べたら、そこに付着していたある種のぶどう球菌の類が生き延びていて、地球環境下では息を吹き返し（生物学的意味ではないことに注意）、繁殖を始めたことが報告されている。さすがに月面の環境では増殖しなかったが、死滅することなく生き延びていたということだ。さほどに、殺菌は難しいのである。逆に言えば、地球は宇宙に生命をばら撒く発信基地ということでもある。それが宇宙と生命という意味では、重要な研究テーマになる。

宇宙と生命といえば、生命の起源もまた多くの研究者の興味を引くテーマである。そこで「日本宇宙生物科学会」とは別に、「生命の起原および進化学会」なる学会もある。一方、生物の進化を研究テーマとする研究分野には、例えば古生物学がある。ゲノムレベルでの進化の研究は分子生物学に含まれるし、宇宙における生命探査や、生命の誕生する場の探査は、惑星科学や天文学に含まれる。関連する研究分野は多岐にわたるが、それらを統合し、宇宙における生命の分布や、地球上におけるその起源と進化、あるいは生命現象のより一般的な理解を目指そうというのが、アストロバイオロジーである。

このように述べると難しそうだが、要するに、宇宙でも成立する生物学を構築しようというのが、アストロバイオロジーともいえる。別の言葉で言えば、「普遍的な生物学」の創成である。こうした説明を聞くと奇異に感じる読者がいるかもしれない。そもそも生物学は普遍を目指すのではないのか？　と。そのとおり！　しかし現在の生物学はまだ、そのような普遍性を目指す学問レベルに、達していないのである。生物学が対象とするのは、地球上の生物である。我々はまだ、それ以外の生物の存在を知らない。従って現在の生物学を正確に表現するなら、地球生物学と称すべきなのである。

では、物理学や化学はどうか？　結論を先に述べれば、物理学や化学は、現段階でも普遍性を有する。その説明に入る前に、そもそも普遍性とは何かについて、もう少し説明しておこう。物理学的には、ある限られた時空で成立する現象なり、原理が、より拡張された時空スケールで成立する場合、普遍性を有すると考える。より拡張された時空といえば、そのもっとも大きな時空スケールが宇宙である。地球で成立することが、太陽系で成立し、銀河系で成立し、更に無数の銀河から成る宇宙で成立すれば、それは普遍性を有すると考えられる。物理学や化学がこの宇宙で成立することは、すでに二〇世紀に確認されている。それはある意味で、二〇世紀の科学の最大の成果とも言える。従って、物理学や化学は既に普遍性を有する、と考えられる。

果たして生物学は、宇宙で成立するか否か、それを確認するのが、二一世紀の科学の究極のゴールともいえる。この普遍性という言葉を用いて、関連の科学分野の紹介をすると、例えば「地球の普遍性を宇宙に探る」のが比較惑星学、「生命の普遍性を宇宙に探る」のがアストロバイオロジー、「文明の普遍性を宇宙に探る」のがチキュウ（地球〈智求・智球〉）学、ということになる。

問題を更に突き詰めて考えると、果たしてこの宇宙で成立したら普遍的と考えていいのか、という疑問は残る。なぜならこの宇宙は特殊と考えられるからである。なぜ、特殊と考えられるのか？　例えば、この宇宙は物質からなる。実はそのこと自体が、この宇宙の特殊性を示唆するのだ。この宇宙が誕生した、その瞬間の頃を考えてみよう。エネルギーから物質と反物質が生まれ、物質と反物質が衝突すると両者は消滅し、エネルギーに変わり、という反応が繰り返されていた。この物質と反物質の生成が全く対称的に起これば、ある瞬間宇宙が膨脹し、その瞬間の状態が凍結されても、一方の存在である物質のみが残ることはない。しかしその生成に関し、対称性が破れていれば、余分に生成されるどちらかのみが残ることになる。この宇宙ではそのようにして、物質のみが残り、物質からなる宇宙が形成されたのだ。

　このように、この宇宙が特殊と考えられる例は、他にもいくらでも挙げられる。例えば、物理学には、様々な定数というものが存在する。例えば、ニュートンの万有引力（重力）定数（$G=6.67259\times10^{-11}\mathrm{N\cdot m^2\cdot kg^{-2}}$）とか、プランクの定数（$h=6.6260755\times10^{-34}\mathrm{J\cdot s}$）とかである。これらの数値が上記の値と少しでも異なる値だったら、この宇宙は現在のような姿にならない。塵とガスの塊である分子雲コアが、重力の作用で収縮し、星が生まれ、その内部で熱核融合反応が起こり、元素が合成され、というような過程が進行しなければ、この宇宙に、銀河も恒星も惑星も生命も文明も形成されない。物理定数の存在もまた、この宇宙が特殊であることを示唆するのだ。

　ところで、物理学では、これらの定数がなぜそのような値を持つのか、説明することができない。そうであるべき理由は、物理学的には見つからないのである。別の値でも構わない、ということだ。ただしその場合、生ずる結果は全く別のものになる。敢えてその理由を探れば、答えがひとつだけ考えられる。そのような宇宙では、地球が生まれ、生命が誕生し、進化し、我々のような知的生命体が生まれ、高等科学技術文明を作り、宇宙を観測し、理解する。その結果、この宇宙の存在が認識され、存在したことになる、ということである。まさに宇宙のレゾンデートルに関わる話なのだ。普遍か否かを問う我々のような存在がなければ、そもそもこの宇宙が普遍だろうと特殊だろうと、そのことに全く意味がない。

　我々にとって、外界として認識されるこの宇宙が特殊であるとしても、我々は普遍性について考えることはできる。なぜか？　その理由を探ろうとすると、この宇宙を観測するとか、認識するとかということが、我々にとって如何なる作業なのか、を考えてみなくてはならない。最近の脳科学の理解に基づいてそれを説明すれば、それは、外界である世界を脳の内部に投影し、そこに内部モデルをつくることである。外界がいったん脳のなかに投影されてしまえば、その内部モデルとしては、この宇宙ですら相対化され、その外側にいくらでも、別の宇宙を考えることができる。ユニバース（ひとつの宇宙）ではなく、マルチバース（多数の宇宙）のなかのひとつというように、である。実際最近の宇宙論では、そのようなマルチバースについての議論が展開されている。

我々がなぜ普遍性を追求するのか、その理由を考えると、我々が〝このように〟外界を認識できるから、と考えられる。前にも述べたが、実はそうした能力こそ、我々、現生人類が、現在のような文明を築くことを可能にした、生物学的特徴のひとつであると、筆者は考えている。普遍性を追求するのは全ての学問にとって共通のテーマだが、それについてなぜかと考え出すと、このように際限なく、考えなければならない問題が出てくる。だからこそ、二元論と要素還元主義という、近代科学の考え方が提出された、ともいえるのだ。とりあえず、考えるべき対象のみを考え、それを考える自分とは何かとか、それに関わる、例えば普遍性とは何かという問題を棚上げし、考える対象そのものの理解を深めようという考え方である。

それは、実は、先ほどから述べている、外界を脳の内部に投影する際のルールに関係する。この投影のルールがあるかないか、それが例えば科学と宗教の違いといってもよい。科学では、外界を脳の内部に投影するとき、その投影をルールに基づいて行う。そのルールこそ、まさに二元論と要素還元主義なのである。このルールが存在するために、外界が投影されて構築される内部モデルは、科学者の間では共通になる。もちろんそれは厳密には一致しないが、少なくともその違いを、お互いに認識し、議論し、共通のものに近づけていくことができる。それが科学における発展ということである。

宗教はそのルールが神だと考えればよい。過去に、その宗教を創始したある天才が認識した外界を、そのまま受け入れようということだ。従って同じ神を信じている人々の間では、その内部モデルは共通になるかもしれない。〝かもしれない〟と懐疑的表現にしたのは、同じ神を信じていてもその後、様々な宗派に分裂し、内部モデルを共有するとはとてもいえないような状況が出現しているからだ。昨今の宗教界の状況を見てみればよい。ましてや、神が異なれば、その内部モデルが全く異なることは、当然である。投影されるべき外界が自然である場合、観測の手段まで含めれば、科学が対象とする外界は、人間の五感のみで認識される世界に比べ圧倒的に拡大される。どちらがより普遍性を有するかは、敢えて言うまでもないだろう。ここでは、普遍性についての議論はこのくらいに留め、先に進むことにする。

アストロバイオロジーに関する研究は、どんな分野の研究者にとっても、テーマ自体が面白い。そこで、いったんその研究を推進する体制が構築されると、急速に進展しはじめる。第一回のアストロバイオロジー科学会議開催とほぼ同時に、専門の学術誌が数種類発行され、毎年数百という数の論文が発表されている。その世界における研究推進体制の中枢を担うのは、N

ＡＳＡエームス研究センターに設置された、アストロバイオロジー研究所である。といっても、これまでのいわゆる研究所とは異なり、それはバーチャル（仮想的）な研究所である。研究を進めるためのロードマップ（行程表）を作成し、そのための予算を獲得し、実際に研究するセンターを選び、そこに予算を配分し、全体を統括するという機能しかもたない。

全米で十数箇所の研究センターが選ばれ、それぞれが独自の研究計画の下に、数十人規模の主任研究員から成るチームをつくり、研究を推進している。主任研究員といっても、パーマネントな職としては、それぞれの地域の大学、あるいは研究所に籍を置き、本務は別にある。このＮＡＳＡアストロバイオロジー研究所に連携して、各国、といってもＥＵ各国とオーストラリア、カナダといった先進国がほとんどだが、それぞれが独自のスタイルでそれぞれの国内体制を構築し、アストロバイオロジー研究を進めている。残念ながら、わが国にはまだそのような組織はない。

例えば英国では、極地研究所がアストロバイオロジー研究センターをもっているし、今回訪問したスペインでは、従来の研究所と変わらないスタイルで、新たにアストロバイオロジー研究所を設立し、研究を進めている。ＥＵの場合、こうした各国の機関を束ねる形の研究機構も存在し、各国の連絡、調整も行っている。今回はスペインのアストロバイオロジー・センターから招待され、そこを訪れたので、その紹介をしておこう。

この研究所はマドリード郊外の、広大な敷地の軍の基地内にある。所属としては国防省に属するという。といっても人件費がそこからサポートされるのみで、研究費は別に、政府のいわゆる科学研究費の枠組みから獲得するそうだ。マドリード中心部のホテルからタクシーで四〇分ほど、マドリード・バラハス空港を左手に見て、バルセロナへと続く高速道路を少し走った先に位置する。正門に到着すると、その脇の建物で予め許可を受けていた書類と照合され、その確認後、基地内に入る。入り口付近の一群の建物の地域を抜けると、周囲はすぐに起伏のある草地に変わる。その草地のなかをうねって続く道をしばらく走ると、彼方に、温室のようなガラス張りの建物が現れる。それがアストロバイオロジー・センターだ。

軍の基地のなかにあるという意味では、NASAのエームス研究センターとよく似ている。しかも空軍関係で、その基地のなかに、滑走路があったり、空気動力学研究所など軍の別の研究所も存在する。その点も似ている。立ち入るのに、事前にパスポートのコピーを送ったりして許可を得ておく、という点も同じである。建物に入ると、研究者には見慣れた実験室と居室が立ち並ぶ風景だが、ひとつの建物のなかで、居室サイドと実験室サイドが、真ん中を貫く通路と立ち木によって段違いに区分されている。そのデザインが斬新で、研究の新しさを印象付ける。

研究部門は一〇に満たないが、分子生物学的な生物進化の研究から、生命の起源の化学進化段階の研究、極限環境下の生物の研究、火星における生命探査のための基礎研究、木星の衛星エウロパの環境に関わる研究、天体衝突に関する研究など、最初に紹介したアストロバイオロジー研究の三つのゴールに関わって設定された、より具体的なテーマごとに研究部門が構成されている。この研究所で、アストロバイオロジー研究の個別的テーマとして掲げられているのに見かけなかったテーマは、いわゆる古生物学の、特に最古の細胞化石発掘（初期地球探査計画と呼ばれる）関係の研究と、銀河系における生命前駆分子の観測に関わる天文学的研究くらいで、アストロバイオロジーの研究所としては世界的にもかなり大規模のものといえる。

この研究所にしかないという意味の、特色ある研究としては、極限環境下での生物に関する研究として、リオ・ティント地域に生息する生物の研究が挙げられる。この地域は水素イオン指数（pHのこと）の値が極端に小さく（二程度）、そんな極端な酸性条件下でも生息する生物の研究が行われている。そんな研究が何故アストロバイオロジーなのかといえば、ひとつは、地球生物学としての普遍性を追求するのに必要なこと、また太陽系生物学としては、例えば、金星の硫酸液滴から成る雲のなかの生物圏を考えるのに必要なこと、などが考えられる。

金星の生物圏など、これまで考えられたこともなかったが、地球生物学の延長上で、地球生物が生存できる環境を探すと、金星の雲のなかが考えられるのである。このように、頭を柔軟にして、生命のより普遍的な定義を考え、より普遍的な生物学を構築しようという試みが始まっているのだ。わが国でも、ようやくそのような機運が高まりつつあるが、まだ対外的にアストロバイオロジー・センターとでもいえるような組織は存在せず、研究者の自発的な連絡網が形成されているという段階である。

この現状は嘆かわしい。しかし、日本の基礎科学研究はいつの時代も、すぐに、しかも直接社会に役立たないということで、こんな状態が続いてきた。というか、事態は悪化しつつあるといったほうが正しい。国立大学が法人化され、基礎科学研究の中枢を担ってきた理学部の基盤が揺らぎはじめたからだ。欧米に比べれば立ち遅れた基礎科学研究の現状を改善し、真の科学技術立国を目指すため、科学技術基本法を制定し、五年毎に国の科学技術計画を立て、基礎科学を振興するはずだったのに、いつの間にか、経済に直結する技術の振興のための科学技術計画に様変わりしているのが、わが国の現状である。ユーラシア大陸と、太平洋の辺境に位置する島国では、バブルの時代を除いて、普遍性の追求はやはり遠いゴールなのかもしれない。

地球史における革命的事件

大地をそのまま舗装しただけのような、殺風景な道路が、ハバナを貫いて東西に走っている。所々舗装が陥没したその道路を、西に走るとピナールデルリオに達し、東に走るとサンタクララを経てカマグエイに至る。どちらの方向に向かっても、車窓の向こうには、なだらかな起伏の丘が続き、そこに立ち並ぶ大王椰子の林が風になびいて、なんとものどかな南国の風情を醸し出す。二〇〇五年は、北極寒気団の、境界の蛇行の影響がこの地にまで及んだのか、これまで経験した同時期（一二月中旬）の気候に比べ、気温が低く、しかも乾燥し、過ごしよい。といっても、調査（車外での穴掘りなど、肉体作業）に従事する時を除いて、借り上げた運転手付レンタカーで移動していることが多いので、外の気候は余り関係ない。

キューバでフィールドワークを始めて、もう一〇年近くになる。途中三年は、調査費の関係で中断していたのだが、今回から再開した調査では三年度にわたって、主としてハバナから東の地域で調査を行う予定である。まずはサンタクララとその周辺が主たる調査地域だ。キューバにおける道路脇の風景の特徴として、大王椰子と並んで目につくものがある。チェ・ゲバラの様々なシルエットである。サンタクララに近づくと特に目につく。

チェ・ゲバラはカストロと並ぶキューバ革命の指導者である。サンタクララにゲバラの巨大な立像と記念館が建てられたのは、この地が、キューバ革命の聖地にふさわしい、と考えられたからだろう。この地における戦闘で、ゲバラに率いられた部隊が勝利し、それがきっかけで当時のバチスタ独裁政権が崩壊、キューバ革命が勝利したからである。一九五九年一月のことだ。少し前かがみのゲバラの立像の脇には、一九六五年、ゲバラがキューバを離れる際、カストロにあてた手紙の文面が、碑として掲げられている。その最後の一文、「HASTA LA VICTORIA SIEMPRE」(永遠の勝利まで)も、ゲバラのシルエットと並んで、キューバの道路わきの風景を彩る看板のひとつである。

ここで、この地で筆者がフィールドワークを行う、その理由を説明しておこう。話の発端は一九八〇年まで遡る。それを詳しく紹介すると、一冊の本になってしまうほどなので、ここではそのエッセンス、特にキューバの調査に直接関わる部分だけにする。

K/T境界層と略称される地層がある。絶対年代では、六五〇〇万年前の地層のことである。この年代を境に、生物の絶滅が起こっている。それぞれの地層にふくまれる化石に基づいてその年代が決められる地質年代では、その前後の年代を、白亜紀、第三紀と命名して区分している。それぞれの年代の、外国語表記の頭文字がKとTなので、その境界の地層は、K/T境界層と呼ばれる(最近ではK/P境界層と呼ばれる)。この地層は世界中至る所に分布する。もちろんわが国にもある。ここでの話に関連しては、イタリアのグビオという、中世以来のたたずまいを残した町の、その郊外にあるK／T境界層が有名だ。そこで、地球史に革命をもたらす新事実が発見されたのである。

カリフォルニア大学の、アルバレスという地質学者を中心とするチームが、そのK／T境界層で、イリジウムという元素が異常に濃集していることを発見し、それが巨大な隕石の衝突によってもたらされた、とする論文を、サイエンス誌に発表したのである。それが地球史観においてなぜ革命的なのかといえば、従来、地質学の根本原理といわれていた斉一説を否定するものだったからである。斉一説とは、前にも紹介したように、現在生起する自然現象が過去においても同様に起こったと考え、従ってそれを前提にして、地層に残された記録を解読しようとする考え方のことである。天体衝突のようなアドホックな現象を排除して、地質記録の解釈をするのがより科学的、ということで導入され、信奉されてきた。

その後一〇年くらい、この論文の妥当性に関し、論争が続く。論争に終止符がうたれたのは、一九九一年のことだ。メキシコのユカタン半島において、その地下に六五〇〇万年前に形成された、直径一八〇キロメートルに達する巨大なクレーターが発見されたのだ。一九九四年、筆者は米国、メキシコの研究者らと共同で、このチチュルブ・クレーターと呼ばれるクレーターの地球物理学的調査を始めた。爆薬を大量に使う調査であるため、軍による許可待ちの時間が長く、その間の時間つぶしにマヤ文明のピラミッドを散策した際、キューバに関心をもったのが事の発端である。キューバ島の起源に思いをはせ、その地理的、プレートテクトニクス的状況から判断して、キューバには、これまでまだ報告されたことのないような、新しい情報を記録したK／T境界層があるのではないか、と推測したのである。

当時、キューバで地質調査を行ったという例を知らなかったので、それが可能か否かを含めて調査し、一九九六年にようやく、地質調査の許可を得るところまでこぎつけた。予備調査を開始したところ、欧米やメキシコのK／T境界層では、これまで報告されたことのないような、異常なK／T境界層が存在することを発見した。そこで、国の科学研究費を獲得し、本格的な調査を始めたのが、一九九九年のことである。

何が異常か？　最も分かりやすいのは、その厚さである。それまで知られていたK／T境界層は、欧州でせいぜい一センチメートル程度、米国、メキシコでせいぜい数メートルといった程度のものだったのが、キューバでは数百メートルに達するもの、あるいはそれを超えるものがあるのだ。三年に及ぶ調査は、主として、ハバナ周辺と、その西側ピナールデルリオあたりまでの地域で行った。その結果、各地で様々なK／T境界層を発見した。地層の名前は、普通、その地域の村や地形の名前からとる。その時の調査で発見したK／T境界層はそれぞれ、ペニャールベル層、カカラヒカラ層、モンカダ層である。ペニャールベル層、カカラヒカラ層というのは従来から知られていた地層である。しかし、それがK／T境界層とは認識されていなかった。モンカダ層は我々が発見し、命名した地層である。近くにモンカダ村があるので、そう命名した。

これらの地層を調べた結果、それまで知られていなかった、いくつかの新事実が明らかにされた。ひとつは、いずれもが、津波によって形成されたことである。天体衝突と津波とがどう結びつくか？　それを理解するためには、六五〇〇万年前の地球がどんな姿だったかを知る必要がある。当時の地球は今より温暖だった。そのため、海面は今より高く、ユカタン半島は大部分が水没し、海面下にあった。また、キューバ島は、その当時まだ存在しない。現在のキューバ島を構成する地塊は、それぞればらばらに、ユカタン半島の東側の海底下にあった。その後のプレート運動により、これら海底にあった地塊が掃き集められ、現在のキューバ島となる。従って、現在のキューバ島に分布するK／T境界層は、当時様々な深さの海底に堆積していた地層、ということになる。あるものは大陸棚の斜面に位置し、あるものはその下の海底にあり、というような具合である。

例えば、ペニャールベル層は、ハバナ周辺の一〇〇キロメートルくらいにわたって、東西に分布する。それぞれが場所ごとに、様々な厚さをもつ。それらは、当時のユカタン半島の東に分布した地塊の、大陸棚斜面下に、東西に分布したひと連なりの地層と考えられる。ユカタン半島に、直径一〇キロメートルを超える巨大な隕石が衝突し、直径一八〇キロメートルに達する巨大なクレーターが形成されたその時、衝突の衝撃波は大地を揺るがし、海には波長一〇〇〇キロメートルにも達するような、また海岸ではその波高が数百メートルに達するような、巨大な津波が発生した。地震により大陸棚の斜面は崩壊し、すさまじい土石流となって海底に滑り落ち、更に津波によって陸から運ばれた土砂で、海は汚され、泥海と化す。それらが堆積し、形成されたのが、キューバ各地に残されるK／T境界層なのである。そのK／T境界層を調べることによって、当時の地球に引き起こされた環境変動を、あたかも古文書を読むかのように解読することができる。

直径一〇キロメートルの巨大隕石が秒速二〇キロメートルを超える速度で地球に衝突すると、その瞬間、莫大なエネルギーが解放される。その衝突のエネルギーは、かつて米ソが冷戦時代に保有していた核弾頭のすべてを同時に爆発させたエネルギーの、一万から一〇万倍に相当する。今は亡きカール・セーガンらが指摘したように、全面的な核戦争が起これば、いわゆる〝核の冬〟と呼ばれる地球環境の変動が起こるが、この衝突によって引き起こされる環境変動は、そのエネルギーの比較からもわかるように、それとは桁違いの大きさである。現在我々が直面する地球環境問題のすべてが、規模を一桁大きくするかたちで引き起こされる。

二〇〇五年の調査は、前回の調査時に予備調査を行って、その存在を確かめた、サンタクララ周辺と、その東側に分布するであろうK／T境界層を調べるのが目的である。サンタクララ郊外に、大小二つの丘が連なる、ロマ・カピーロと呼ばれる場所がある。その大きな丘の中腹に、K／T境界層を発見したのは、前回の調査時のことだ。当時、調査の許可を申請したのだが、どういう理由か軍の許可が下りず、調査を断念したのである。

ここで、キューバでは、どのようにして地質調査の許可を得るのか、紹介しておこう。キューバでは、自然史博物館の研究者と、共同で調査を行っている。調査の許可は、事前に自然史博物館を通じて科学技術環境省に申請し、そこから得る。その過程に時間がかかるほか、様々な困難が生じるのが常で、こちらの希望する地域の調査許可がすんなり下りることは少ない。下りたとしても、実際に調査する段階で更に、その地域を管轄する軍の許可を得なければならない。実情をいえば、こちらの方がもっと大変だ。キューバは今でも米国と対峙する革命政権である。従って、全土が軍の管轄化にあるのが現実なのだ。調査できるか否か、その最終判断は、結局各地の軍に委ねられる。たとえ科学技術環境省から許可を得ていたとしても、その地の軍の司令官が許可しなければ、調査はできない。前回、ロマ・カピーロ層の調査ができなかった理由を憶測すれば、ロマ・カピーロが、軍の基地と軍の学校にはさまれているという立地条件が考えられる。

今回許可が下りたのは、前回の調査後、キューバ側の共同研究者が、粘り強く軍と交渉して許可をかちとり、その地層からサンプルの採取を既に行っていたからである。このことに関しては、我々にとって、苦い後日談がある。前回の調査後、我々はキューバの共同研究者に、翌年から、再度キューバで調査する予定のないことを伝えていた。そのため、キューバ側の研究者は、その後共同研究を申し入れたスペインの研究者と、この地層の調査を行ってしまったのだ。共同研究といっても実際には、採取したサンプルをスペインチームに渡し、分析をスペインチームが行ったというにすぎないのだが、その結果が重要だったために、それは有名な論文になってしまった。

二〇〇五年九月二〇日発行のニューヨーク・タイムズ科学欄に、この論文を紹介した記事が掲載されている。「キューバの化石は恐竜絶滅における隕石衝突説を支持」と題する記事だ。隕石衝突のようなアドホックな出来事が、地球史、あるいは生物進化に影響を及ぼすという考え方が、地質学においては長らく否定されてきたことは前に紹介した。したがって、六五〇〇万年前の隕石衝突が事実として認められたあとも、一部の古生物学者によって、今度はそれと生物絶滅との因果関係を否定する論陣が張られている。例えば、隕石衝突と、恐竜を始めとする六五〇〇万年前の生物絶滅とでは、三〇万年の時期のずれ（隕石衝突の方が三〇万年早いと主張する）があるとするような論文である。

我々のグループも別の目的で、彼らと同じ試料（チチュルブ・クレーター内を掘削して得たボーリング試料）を分析したから分かるのだが、彼らの主張にはほとんど根拠がない。このことは既に学会発表等で指摘しているが、キューバのこのロマ・カピーロ層の分析からも、そのことが示唆されるというのである。この記事を敢えてここで紹介したのは、このことを主張したいためではない。実はこの記事には、ここでの調査の許可が軍から下りない理由が書かれている。それが面白いからなのだ。

記事によると、ロマ・カピーロの脇にあるのは空軍基地で、それは、一九六二年の、いわゆるキューバ危機の際、米国のスパイ衛星がその基地内で、旧ソ連のジェット機や対航空機用のミサイルを発見したという、まさに歴史的事件に深く関わる基地だというのである。その基地には、旧ソ連の爆撃機や六個の核爆弾まで保管されていた、ということも述べられている。そんな基地の脇なのだから、外国人である我々が許可を求めても、そしてスペインチームが許可を求めても、許可が得られるわけは無かったのである。記事によると、調査チームは基地の警備隊の監視をくぐりぬけ、秘かに露頭から試料を掘り出したというが、それは少し誇張しすぎている。

そんな事情を反映してか、スペインチームの分析した試料は不十分で、調査結果も、生物絶滅後、いかにして生命が再び繁栄を取り戻したのか、その変遷を明らかにするところまでは至っていない。そこで今回許可を取り直し、新たなる調査を計画したのである。丘の中腹の露頭に、少し傾斜してその地層は分布する。厚さは一〇メートルほどである。衝突による絶滅から生物圏がいかに回復するのか、その詳細を調べるため、K／T境界層のすぐ上を中心に、試料を細かく採取した。現在その分析を行っているところである。

今回の調査で新たに発見したK／T境界層もある。サンタクララから南東に向かうと、サンクティスピリトゥスという町がある。この付近では一番大きな町で、我々調査チームもこの町のホテルに泊まったのだが、その郊外、フォメント村のはずれでその地層を発見したので、フォメント層と呼んでいる。このフォメント層が、キューバで我々がこれまで調査したK／T境界層と異なるのは、そこにいわゆるスフェリュールと呼ばれる、数ミリ以下の、小さな丸い粒が多量に含まれていることである。

筆者は二〇〇一年一月に、ベリーズ北部の、メキシコとの境界付近に分布するK／T境界層を調査したことがある。この地層は、クレーターから吹き飛ばされた、溶融物や破片で形成されたものである。太陽系天体の地表は、地球や木星の衛星イオを除きいずれも、クレーターと呼ばれる、周囲が円形に盛り上がった縁取りをもつ窪みに覆われている。クレーターの周りには、その半径の数倍くらいにわたって、クレーターからの放出物が分布するが、それがどのようなものか、実際に見た人はいない。ベリーズではそれを見ることができるのである。

それは十数メートルの厚さで、下部の層は、元は丸いガラス球だったようなセンチメートルサイズの球粒が、二メートルほどの厚さで堆積している。上部の層は、大は一〇メートルに達するほどの大きさから、小は数センチメートルくらいまでの、岩石の破片が堆積している。このようなきれいな成層構造がどのようにして形成されるのかは、現段階では不明である。フォメント層は、ベリーズのK／T境界層で見たスフェリュール層に似ているところがある。

衝突した巨大な隕石が、小惑星なのか、彗星なのかで、地球との衝突速度は二倍以上異なるが、小惑星でも秒速二〇キロメートル以上、彗星なら秒速七〇キロメートル以上に達する。いずれにしろ、このような超高速で小天体が地球に衝突すると、その瞬間、一〇〇万気圧を超える圧力が発生し、温度は一万度をはるかに超える。少なくとも、衝突天体と同じ大きさくらいの領域は、瞬時に蒸発し、その周囲の物質は融解する。更にその周囲の広大な領域は粉々に砕かれ、融解領域からの液滴と一緒に、高速で周囲に放出される。その液滴が、スフェリュールの起源ではないかと考えられている。

サンクティスピリトゥスもフォメントも、滞在中には気付かなかったのだが、ゲバラに率いられた革命軍がシエラ・マエストラからサンタクララを目指して進軍し、その過程で政府軍に勝利をおさめた町や村だった。サンタクララでゲバラの記念館を訪れた際、このことを知って、かつての全共闘運動共鳴世代としては感動した。ゲバラの立像の背後にある、記念館の入り口の上側を見上げると、これらの町や村の名前が、あたかも革命の聖地であるかのように刻まれているのだ。

ゲバラの立像を見たからというわけではないが、K／T境界層とキューバ革命とのつながりに思いをはせた。というのは、前から気になっていたのが、モンカダ層の名のもとになった村の名前の由来である。一九五三年七月二六日、まだ大学を卒業したての若き弁護士カストロが、時の独裁政権を倒すべく武力闘争を決意し、サンティアゴ・デ・クーバにある陸軍の兵営を襲撃した。その兵営の名が、モンカダだったのだ。そこで、キューバ側の代表者であるイトゥラルデ博士に尋ねてみた。

それは確かにモンカダ兵営のモンカダに由来するという。革命成立後、米国は革命前のキューバにおける権益を回復すべく、革命の転覆を画策し、在米キューバ人らによって組織された反革命ゲリラを送り込む。その反革命ゲリラとの武力闘争のために、カストロは各地に訓練基地をつくったのだという。その記念すべき最初の訓練基地が、景勝地であるヴィニャーレスの奥にある、現在のモンカダ村の場所に設営され、革命の発端となったモンカダ兵営襲撃にちなんで、その名前がつけられたのだという。

モンカダ層についても、少し触れておこう。このK／T境界層は、ペニャールベル層やカカラヒカラ層のように厚くない。厚さは二メートルほどだ。この地層を切り取り、それをつなげて、現場の露頭と同じようにしたものを、日本とキューバで展示している。日本ではお台場の日本科学未来館、キューバでは自然史博物館に行けば、それを見ることができる。このK／T

境界層が、なぜこのように展示される価値があるかというと、この地層の最上部にはイリジウムの異常な濃集があり、中間に、いくつか津波の痕跡が残されている地層がはさまれているからである。六五〇〇万年前の衝突に伴って津波が発生したかどうかに関しては、この地層を発見した当時、まだ論争中だった。しかし、この地層に残された津波の痕跡は見事に保存されていて、その詳しい分析から、それがどちらの方向から来た波により形成されたのかも識別できるほどだった。最初に引き波が、次いで押し波が、そして引き波が、という分析がこの地層の発見で可能になり、衝突津波の発生メカニズムが解明されたのだ。

モンカダ層やフォメント層と、革命との物語的関わりが明らかになると、他の地層についても知りたくなる。そこで、まずロマ・カピーロ層はどうか、調べてみた。すると驚くべきことに、その中腹にK／T境界層の地層が露出しているロマ・カピーロと呼ばれるこの丘こそ、ゲバラがサンタクララ攻略の際、本営をおいた場所だったのである。一九五八年八月三一日にシエラ・マエストラを発ち、ハバナを目指したゲバラ指揮の第八軍がサンタクララに到着し、政府軍に攻撃を開始したのは一二月二九日。市民の通報で、ハバナから、政府軍の兵士四〇〇人と武器弾薬を積んだ装甲列車が到着するのを知っていた革命軍は、レールにわなを仕掛け、列車を脱線させる。そこを攻撃し、勝利をおさめ、それがサンタクララ戦での圧倒的勝利につながる。この転覆した列車と、搭載されていた武器、弾薬の一部は、今でもその現場に保存されていて、見ることができる。

ペニャールベル層に関しては、今のところ、このような革命に直接つながる話は無い。しかし、一九九七年一二月、カストロ議長に招待され、食事をした革命宮殿は、まさにこの地層の上に立っている。カカラヒカラ層にはチェ・ゲバラにまつわる話がある。前に述べたキューバ危機の際、米国からの攻撃に備えてゲバラがこもったのが、我々がK／T境界層であることを発見した、このカカラヒカラ層の付近の洞窟だというのである。

天体衝突という地球史観における革命的な現象を裏づける、これらの地層の上で、奇しくもキューバ革命というエポック・メイキングな出来事が起こっていたという事実に少なからぬ興奮を覚えた。

惑星探査とタイの津波石

二〇〇六年五月にノールトウェイク（Noordwijk）というオランダの田舎町を訪れた。その近郊にＥＳＡ（欧州宇宙機関）の科学技術本部とでも呼ぶべき機関（ＥＳＴＥＣ）がある。そこでの会議に参加するため、一週間ほど滞在した。北海に面したこの町は、そのたたずまいから判断する限り、海岸の保養地といったところか。砂浜の海岸沿いに、瀟洒なホテルやレストランが立ち並ぶ。訪れたのは連休明け、緯度は五〇度を超えるにもかかわらず、気候は思ったより温暖だった。連日二〇度を超え、汗ばむほどの陽気で、海岸を散歩するのが心地よい。

町の所在をもう少し説明しておこう。スキポール空港から南西へ列車で一五分ほど、そこにライデン（Leiden）という町がある。この町は日本人にはなじみ深い。シーボルトが日本を追放されたあとに過ごした町であり、ライデン大学というオランダ最古の大学がある。シーボルトの縁で、そこにヨーロッパでも指折りの日本研究の拠点が設置されている。ライデン大学に日本学科が設置されたのは一八五五年のことである。一八六二年から一八六五年にかけて、西周《あまね》、榎本武揚《たけあき》、津田真道《まみち》らが留学している。ライデンで列車を降り、バスに乗り換えて、北西へ三〇分ほど行くと、ノールトウェイクに至る。

ライデンは個人的にも懐かしさを感じる町だ。四〇年近く前（一九七〇年）、初めての海外旅行でヨーロッパを旅した。その折、当時ライデン大学に留学していた日本の天文学者のお宅を訪れたことがあったのだ。赤外線天文学を専門としていた学者だが、誰のもとに留学していたかは覚えていない。しかしライデン大学は、天文学にも縁が深い。彗星のふるさと、というと必ず登場する「オールトの雲」の、そのオールトという有名な天文学者が教授として在籍していた大学である。

「オールトの雲」とは、太陽系の果てに位置する、彗星が分布しているのではないかと予想されている領域のことで、そこから内側に落ち込んでくるのが、長周期彗星（周期二〇〇年以上）と考えられている。今でもライデン大学には宇宙における氷の研究の大家がいて、その伝統は引き継がれている。

そのライデンからノールトウェイクに至る途中の、やはり海岸沿いの小さな村の郊外にESTECがある。この地になぜ、ヨーロッパの惑星探査の中枢機関が設けられたのか、その背景は調べていないが、ライデン大学があることと、多少は関連があるはずである。

最近、ヨーロッパの惑星探査は元気がよい。火星にマーズ・エクスプレスを、金星にヴィーナス・エクスプレスを、月にスマート1を、土星の衛星タイタンにホイヘンスを送り込み、ロゼッタと呼ばれる探査機は二〇一四年、彗星への軟着陸を目指して、現在飛行中である。また、ベピコロンボという水星探査機も計画されている。

マーズ・エクスプレスは、火星の地表にビーグル2号と呼ばれる火星探査車を軟着陸させ、一方で周回衛星からのリモートセンシングによる高解像度画像などの取得を通じて、火星の過去の地表環境の変遷を明らかにしようという探査であった。放出したビーグル2号は行方不明になったが、周回衛星からの探査は成功し、数々の面白い画像を今でも送り続けている。火星へのビーグル2号の軟着陸には失敗したが、タイタンへの地表軟着陸には二〇〇五年、成功した。ヴィーナス・エクスプレスは、金星の大気や地表の探査を行っている。

ＮＡＳＡの惑星探査はよく報道されるが、ＥＳＡのそれはあまり報道されない。読者にも馴染みが無いだろうから、その後の探査の結果について、簡単に紹介しておこう。まずはタイタン探査である。タイタンは土星の衛星だが、土星にはその他にも、数多くの衛星が発見されている。その数は二〇〇七年五月現在で五九に達し、カッシーニと呼ばれる探査機が土星の周囲をまわって、更に新たな衛星を発見している。

タイタンはそのなかで最大であるが、タイタンが注目されるのは、それが土星の最大の衛星だからではない。第二部の最初に説明したように、太陽系で唯一濃い大気を持つ衛星だからだ。しかもその主成分が地球と同じく窒素であり、その上空にはタイタンソリンと呼ばれる有機物が漂っている。二〇〇五年一月、着陸船ホイヘンスがカッシーニから切り離され、タイタンの地表に軟着陸した。その直後の画像について、何が感動的なのか、筆者の興奮を紹介した。

タイタンの上空にはメタンの雲が広がり、地表には、河のような跡が残されていた（一三三頁写真参照）。ある意味、地球では見慣れた風景が、そこに展開されていたのだ。着陸船の周囲には、そのような物質循環を示唆する、丸く浸食された氷の破片が散乱していた。なお、タイタンの地表は冷たく、その大地は水の氷から成る。その当時、われわれ専門家は誰もが、タイタンの地表には、氷の大陸とメタンあるいはエタンの海が拡がっていると考えていた。この風景はまさにその予想を裏付ける結果と考えられた。マスコミ等への解説でも、筆者は当時そのことを強調して説明した。地球で見慣れたこの世界が普遍かと問われれば、そうだと答えられる初めての証拠かと、興奮したのである。

その後、カッシーニがタイタンに接近するチャンスをとらえて、その地表の詳細な画像が撮影された。タイタンは、厚い大気と、上空に広がるタイタンソリンのもやに覆われている。したがって、地表を撮影するといっても可視光は使えない。そこで光の代わりに雲やもやのなかも透過する電波を用いる。レーダーによる撮影である。しかしその後カッシーニにより、期待される海が撮影されることは、今もってない。現在では、タイタンの地表には、それを広く覆う海は存在せず、湖と呼べるような領域のみが存在すると考えられている。一方で、メタンの雲が湧き、メタンの雨が降るという、地表と大気をつなぐ物質循環が起こっているのは確かだ。海からの蒸発でないとすると、メタンはどこから供給されるのか？　これが現在、科学者に突きつけられたなぞである。

その後、ネーチャー誌に発表された論文によると、地下に凍りついたメタンの包摂氷が融け、地球でいえば火山ガスのように、メタンが大気中に放出されているのではないかといわれている。タイタンでは、現在もこのような、氷の火成活動が続いているらしい。その証拠は、タイタンの地表に残されている。衝突クレーターの個数が極端に少ないことである。二〇〇七年七月までのところ、タイタンの地表で確認されている衝突クレーターは二つだけである。ひとつは、北緯一九度西経八七度付近に位置する直径四四〇キロメートルに及ぶメンルバ（Menrva）、もうひとつは北緯一一度西経一六度に位置する直径八〇キロメートルのシンラップ（Sinlap）である。これは、土星の他の衛星上に残されている衝突クレーターの数に比べ、極端に少ない。もし他の衛星と同様の頻度でクレーターが形成されるなら、現在までに数十のクレーターが発見されていてもよいはずだ。

この衝突クレーターが少ないという地表状態も、地球と極めてよく似ている。地球では、金星や火星に比べ、衝突クレーターの個数が極端に少ない。その理由は、火山活動や雨などによる浸食作用、あるいはプレートテクトニクスなどの運動で、地表がいつも更新されているからである。タイタンでも同じ理由が考えられる。地表と内部をつなぐ、あるいは地表付近を循環する物質循環である。この他、上空に広がる有機物が沈殿し、それが堆積して地表を厚く覆うと予想されていたが、厚い有機物氷の層は存在しなかった。有機物はどこにいったのか？ それもなぞである。智の辺境は、いつもこのように、それを垣間見た瞬間、新たななぞをわれわれに突きつける。

カッシーニ探査がらみで、その他の最新のニュースも紹介しておこう。土星にエンセラダス（Enceladus）という、氷でできた衛星がある。その南極地域で、水蒸気の噴煙が観測された。何らかの理由で氷の地殻の一部が融け、そこから水蒸気が地表に、勢いよく噴出しているということだ。タイタンでも氷の火山活動があるらしいことを紹介したが、氷天体の火山といってもイメージしにくい読者が多いかもしれない。その現象について少し説明しておくと、氷の火山といっても、そこで生じる物理的な現象は、地球上で見かける岩石の火山と変わらない。固体が融けて液体状態に変わった物質をマグマというが、氷の場合にはそれが水というだけのことだ。その液体が、周囲の固体の割れ目を通って、浮力で上昇し、どこかに集まってたまったものがマグマ溜である。液体中に、より揮発性の高い物質が含まれていれば、地下からの上昇に伴い、圧力が低下し、その結果発泡が起こる。揮発性物質が発泡するとマグマの密度は低下するから、更に浮力を稼いで、マグマはその上昇速度を加速させ、ついには爆発的に噴火する。コーラやビールの栓を抜くと、泡立つのと同じ理由だ。地表を大気が覆っていれば、爆発的に噴出したマグマは、大気を巻き込み、大気を暖めるので、更に浮力を稼ぎ、大気中を更にもくもくと上昇し、いわゆる噴煙をあげる火山となる。エンセラダスには大気が無いから、水を主成分とするマグマが、ガイザー（間欠泉）のようにただ勢いよく噴出するだけだ。しかし、タイタンの場合には、大気を巻き込んで噴煙を上げるような火山があっても不思議はない。それがメタンの雲をつくっている可能性もある。

問題は熱源である。内部を暖める熱源があるのか、という問題である。岩石の場合には、その中に放射性元素が含まれている。放射性元素は崩壊に伴い、熱を出す。その詳細は省くが、要するに原子力発電と同じことである。発熱量と、その熱がどのくらい効率よく外部に捨てられるか、その効率により、内部が熱くなるかどうかが決まる。地球のように大きい天体なら、放射性元素の発熱量が優り、内部の熱い状態が長期的に持続する。だから今でも火山活動が続いている。月くらいの大きさだと冷えてしまう。従って、火山活動はずっと前に終息し、今は起こらないと予想される。実際、月の火山活動は三〇億年くらい前を境に起こっていない。タイタンは大きな衛星だが、その内部に含まれる岩石は月よりも少ない。従って、その熱でタイタンの内部が融けているとは考えられない。ましてや、エンセラダスのような氷の天体では、そもそも放射性元素が含まれない。これらの天体で、熱源として考えられるのは、潮汐加熱である。

潮汐加熱とは、潮汐作用による加熱ということである。潮汐というと、地球の海の潮汐を思い浮かべるかも知れないが、それに限らない。例えば、地球の岩石部分も月の潮汐力の影響を受け、歪む。月も同じように地球の潮汐力の影響を受け、歪む。衛星の軌道が円ではなく、偏心していると、惑星に近づいたり、遠ざかったりする。すると、歪む程度が一周する間に変化し、その歪みに伴う変形のエネルギーが熱として内部に蓄えられる。それを潮汐加熱という。

これが実際、太陽系において重要な現象と認識されたのは、ボイジャー探査の時である。イオの火山活動が観測された、その直前、このアイデアが論文として発表された。イオは、木星の周りをまわる、岩石から成る衛星である。しかし、月より少し大きいくらいなので、その火山活動が現在まで継続することはない、と当時考えられていた。ところが、そこに活火山が観測されたのである。その説明として受け入れられたのが潮汐加熱である。実際には、探査機が到着する前に、そのこと、すなわち潮汐加熱によるイオの火山活動が予言されていたのは、科学者の叡知を示す例である。

その後、木星の衛星の多くで、この潮汐加熱による火山活動が観測されている。エウロパに海があるとか、ガニメデの中心部が融け、ダイナモ機構による磁場の生成が起こっているとか、これらはすべて潮汐加熱により、その内部が融ける現象に基づいている。今回、土星の衛星でも同様のことが起こっていることが確認され、潮汐加熱による火山活動は、巨大ガス惑星の近くをまわる衛星に関しては、いまや目新しい現象とはいえなくなっている。

ここでエウロパについてもう少し紹介しておこう。太陽系で生命の存在する天体として、火星、タイタンと並んで有力視されているからである。エウロパは木星のガリレオ衛星と呼ばれる衛星のうちのひとつで、イオの外側をまわっている。ガリレオが発見したので、そう呼ばれるのだが、その名前に因んだ、木星のガリレオ探査が二一世紀になって行われた。

その結果、ガリレオ衛星についていろいろと新しいことが発見された。そのうちのひとつがエウロパに海が存在することである。エウロパの大きさは直径三一三八キロメートル、その密度は二・九七g／㎤で、岩石のそれに近い。しかし、岩石よりは若干低く、表層一〇〇キロメートルくらいは氷からできていると考えられていた。しかし、その氷の地表に液体の水が噴出し、付近には、塩分のようなものの痕跡が残されていたり、地表付近の電気伝導度の分布から、地表を覆う氷の厚さは薄く、その下が液体状態であることが推測された。厚さ一〇〇キロメートルの海の上を氷が覆っているということだ。

なぜ氷が融けているかは、潮汐加熱で説明できる。氷の部分だけではなく、岩石部分も一部融けていて、海底には熱水が噴出しているのではないかと予想されている。そうなると、これは地球の海の熱水噴出孔とよく似ている。地球の熱水噴出孔は、原始的な特異な生命の存在する場所として知られている。そこが地球生命誕生の場所なら、エウロパの海底でも同様のことが起こってもよい。そこで二〇二〇年頃までに、エウロパの海の探査を行う計画もたてられている。

次にマーズ・エクスプレスの結果を紹介しよう。火星には、ほぼ二年おきにNASAの探査機も訪れている。従って、マーズ・エクスプレスの結果だけで何か新しいことが分かった、というようなことはない。マーズ・エクスプレスの成果を特にあげるとすると、北半球に存在したと考えられる海は、その規模が予想されていたよりはかなり小さいとか、気候変化として、従来考えられていた温暖湿潤から寒冷乾燥にというより、寒冷湿潤から寒冷乾燥にという変化ではないかというようなことが挙げられる。これはマーズ・エクスプレスにより新たに、極地域の解像度の高い画像が得られたことと関係する。

ここで、火星の海に関係して、現在タイで行っている筆者のグループの野外調査を紹介しよう。二〇〇四年、スマトラ沖地震による大規模な津波のため、二〇万人を超える犠牲者が発生したことは記憶に新しい。その後もインドネシア、ジョグジャカルタ近郊で地震が発生し、その地震の規模はそれほどでもないが、大規模な被害が発生した。この地域は、ユーラシア大陸プレートと、インド・オーストラリア大陸プレートとが境を接するところで、専門家の間では、大小さまざまなタイプの地震が頻発する場として知られていた。しかし、スマトラ沖地震のように、マグニチュードが9を超える地震はさすがに、人類の歴史という時間スケールではめったに起こらない。津波も同様である。

津波は海岸付近にその痕跡を残す。そこでこれまでにも、付近の地層を調べることで、その地域に発生する津波の頻度や規模が推定されている。しかし、実際には、津波による土砂の堆積がどのように起こるか、きちんと調べられたことは少なく、過去の地層を調べるといっても限界がある。今回のような津波は、それを調べる稀少かつ貴重な機会なのだ。そこで二〇〇五年初頭から、そのような調査を行っている。これは、例えば、先に紹介したキューバのK／T境界層の調査にも関係する。キューバでは、地球史上最大の津波堆積層を発見したが、それがどのように形成されるかを理解するうえでも、このような調査はおおいに役立つ。

今回の調査で、興味深いものを発見した。津波石である。津波石とは耳慣れない用語だろうと推測する。れっきとした学術用語である。津波により、海底から巨大な石が運ばれ、海岸に打ち上げられ、そこに堆積した石のことをいう。例えば、石垣島には、そのような石が三〇〇個以上残されている。これらの石は、一七七一年の明和八重山津波によって運ばれたことが知られている。古文書によると、津波の高さは三〇メートルに達したという。しかし、実際に海底の石がどのように運ばれ、どのように堆積するのか、その詳細は知られていない。

今回の津波で、そのような現象が起きていても不思議はない。そこで、津波石の捜索を行った。結果は予想通りである。タイのパカラン岬周辺でそれを発見した。大きなものは四メートル近く、小さなものでも一メートル以上の大小の無数の石が、海岸沿いに一キロメートル以上にわたって分布する。

筆者は地質学者ではないから、津波石のことを知ったのはそれほど昔のことではない。それに興味を覚えたのは、五〜六年前、火星の海について、何かその存在の証拠はないかと考えていたときである。これまでの火星探査から示唆されるのは、海が存在したかもしれないという状況証拠である。海が存在したという直接的な証拠を、画像データのみからでも見つけられないか、と思案していたのだ。天体衝突に伴い巨大な津波が発生することは、キューバのK／T境界層の調査で既に明らかにしていた。ということは、火星でも海が存在すれば、そこに天体が衝突した時、津波が発生してもおかしくない。津波が発生すれば海岸に何らかの証拠が残るだろう。その証拠として津波石のことを思いつき、それを調べたのである。画像データから津波石を見つけられれば、火星に海が存在した直接的な証拠になる。そこで当時、火星における天体衝突による、津波発生と伝播の簡単な数値計算を行い、このアイデアをヒューストンの学会で発表した。そのときから、津波石の詳細がわかったら、本格的にこのアイデアの検討をしようと思っていたのである。今回発見した津波石の分析を今進めているところだが、そのデータに基づき、火星上の津波石探しを計画している。

さて、ESTECでの会議についても少し触れよう。この会議は、天体衝突に関する会議であった。そのなかから、前にも触れた、月の大激変（Lunar cataclysm）として知られる問題を紹介しよう。月から持ち帰られた岩石の形成年代を求めると、ほとんどが三九億年くらい前の年代を示す。この頃に、激しい天体衝突があったことを示唆する証拠である。では、三九億年くらい前という時期に、天体衝突が集中して起こったのか否か、という問題が残る。なぜそ

大小さまざまな津波石。海岸沿いに1キロメートル以上にわたって分布する。

れが問題なのかというと、一方で、月面に残されているクレーターの形成年代は、この頃より前に、時代を遡れば遡るほど多く分布する、という傾向を示す。三九億年くらい前に特に集中してクレーターが形成されたという証拠はないのである。クレーター年代学はいくつかの仮定のうえに導かれるものであるのに対し、岩石の年代は放射性元素の分析から何の仮定もなく、導かれる。しかし、三九億年くらい前に集中して天体衝突が起こる必然性はない。四五億年くらい前に月が誕生したのだが、微惑星が衝突し月が生まれるというその形成過程が、細々と三九億年くらい前まで続いていたというのは考えやすい。

このどちらがもっともらしいかは、地球の進化を考えるうえでも、極めて重要である。月で、三九億年くらい前に集中して天体衝突が起こったとすると、地球でも同様で、しかもその衝突はもっと激しい。大気や海や生命、地殻の形成、進化に影響するはずで、従って、その痕跡はどこかに残っていていてもいいはずである。しかし、現在に至るまで、その直接の証拠、例えば、衝突起源の物質がその頃の地層に大量に残されている、とかといった証拠は発見されていない。従って、月の突発的異変があったのか、月形成後の微惑星の集積が六億年も続いたのか、そのどちらが本当かというのは、地球史を考えるうえで、大変重要な問題なのである。辺境を探るといっても、それは空間としての辺境のみを意味するわけではない。このように時間としての辺境も探る必要がある。

惑星の定義

二〇〇六年八月に行われた国際天文学連合（ＩＡＵ）の総会で、太陽系の惑星についてどう定義するかが議論された。かねてから問題とされていた〝冥王星問題〟である。筆者は出席しなかったので、その場の雰囲気は分からない。しかし、この問題は科学というより、歴史的、社会的問題であり、多くの参加者にとっては、何らかの定義がされればそれでよいという程度の関心であったろうと推測する。科学的には、結論ははっきりしている。冥王星をはずしたほうが良いに決まっているようなものだからだ。そして結果はその通りになった。

朝日新聞の報道によると、具体的な提案は以下のようなものであった。太陽系の惑星を「太陽の周りをまわり、十分重いため球状で、軌道近くに他の天体（衛星を除く）がない天体」と定義する。注として、惑星は「水、金、地、火、木、土、天、海」の八個とする。冥王星を念頭に「太陽の周りをまわり、十分重いため球状だが、軌道近くに他の天体が残っている、衛星でない天体」を矮惑星（〇七年四月より準惑星とも呼ばれる）として新たに定義する。

今回の議論は実に、二〇〇〇年以上も昔、天空でふらつく星を惑星と命名して以来の、惑星の再定義といってよい。今回の議論が混乱した印象を与えるのは、そもそも新しい惑星の定義として提案された最初の案と、その後修正され提案された案とが、全く異なる考え方に基づくからである。最初の考え方は、歴史的経緯を尊重し、即ち、従来の惑星をそのまま惑星として定義し、問題になった冥王星と同様の天体を新たに惑星として追加するという冥王星救済策であったのに対し、修正案は、最近の科学的知見に基づいて、より合理的に整理したものである。

前者の案だと、冥王星（直径約二四〇〇キロ）を惑星とするなら、その衛星というより、互いにその重心の周りをまわるもうひとつの天体カロン（直径約一二〇〇キロ）も惑星として定義することになり、冥王星の外側を回る軌道上で新たに発見された２００３ＵＢ３１３（直径約二四〇〇キロと推定）も惑星ということになる。更に、小惑星帯で最初に発見された小惑星セレス（直径約一〇〇〇キロ）も惑星となる。というわけで、当初は、惑星を一二個に増やそうという提案であった。しかし、この案だと、今後も続々と新たな惑星が発見されることが予想され、そのたびに惑星の数が増えることは確実である。加えて、最近の太陽系形成論によれば、いわゆる太陽系の惑星は、地球型惑星と巨大ガス惑星と氷惑星に分類され、冥王星のような小さな惑星は、小惑星やエッジワース・カイパーベルト天体と称される天体と本質的には変わらない、と考えられるからである。

それにしてもこの問題に関するマスコミの関心が高いことには驚かされた。こんなに分かりやすい天文学的な話題はないからだろうが、これは日本のみの現象だったのか、それとも世界的現象だったのだろうか？　結局は、水、金、地、火、木、土、天、海、冥と慣れ親しんできた「冥」が消えるということで、なんとなく寂しい気がするという程度のことなのだが。

この話題を借りて、太陽系について紹介しよう。これまでにも、個々の太陽系天体の話題については触れてきたが、ここでは太陽系全体について、あるいはその起源と進化について、あるいは系外惑星系（太陽系以外の惑星系）との比較といった話題を取り上げてみたい。初めに太陽系の概略を述べておこう。

太陽系を構成する天体といえば、その主たるものはまず惑星である。惑星とはそもそも、天空を彩る星のなかで、その動きがふらつくということで名付けられた。名を冠したのはギリシャ人で、バビロニア人は〝群れから外れた羊〟と呼んでいた。裸眼でそれを識別できるのは、水星、金星、火星、木星、土星の五つである。その後、ガリレオによって発明された望遠鏡の彼方に同様のふらつく星として識別されたのが、天王星、海王星、冥王星である。以下で簡単に、これらの惑星の発見の経緯を紹介しておこう。

天王星は、一七八一年三月一三日、ウィリアム・ハーシェルによって発見された。ハーシェルは音楽家でもある。彼は初めその未知の天体を彗星と考えた。しかし、その動きが彗星にしてはゆっくりとしすぎているため、惑星ではないかということになり、その後の観測から惑星であることが確認された。この発見で太陽系の外縁は一気に、二倍に（天王星の軌道は約一九天文単位、土星のそれは約九・五天文単位、なお天文単位とは地球と太陽との距離を一として あらわす距離の単位）拡がった。ハーシェルは初めこの惑星に、パトロンであったイングランド王ジョージⅢ世に因んだ名を冠した。しかし、後に、ヨハン・ボーデ（チチウス・ボーデの法則のボーデ）により、伝統的な命名法（ギリシャ・ローマ神話からとる）に基づくべきだということで、天王星という名が与えられた。

新たに天王星が発見されると、その観測記録が一六九〇年にまで遡って調べられた。その結果、天王星の動きが、太陽と六つの惑星の重力から予想される動きとずれることが分かった。これは未知の天体の重力的摂動によるとして説明できる。その未知の天体を惑星と考えると、惑星の位置はチチウス・ボーデの法則によって推測されるから、後は未知の惑星の質量を仮定して計算すればよい。このような計算が、イギリスのJ・C・アダムスと、フランスのU・J・J・ルベリエによって行われた。それぞれが計算を終了したのは、一八四五年九月と一八四六年八月である。

アダムスもルベリエも、自分の計算結果に基づいて、新惑星の探索を、イギリスとドイツの天文学者に依頼した。実際に発見したのは、ルベリエの依頼により探索したベルリン天文台のヨハン・ガレである。一八四六年九月二三日、ルベリエの計算終了から一カ月くらい後のことである。その惑星の位置は、ルベリエの予想からは一度（月の見かけの大きさの二倍くらい）しかずれていない。アダムスの予想と比較しても、二度半ずれているだけであった。

この惑星の命名についても論争があった。しかし結局は、伝統的な命名法に基づいて、海王星と命名された。これは偶然発見されたというより、ケプラーやニュートンらの重力理論によるものである。従って、惑星の発見者という名誉は、実際に望遠鏡でそれを確認したガレではなく、アダムスとルベリエに与えられている。なお、ガリレオも海王星を望遠鏡の彼方に見ていたことが、その後の研究から明らかにされた。一六一二年一二月と一六一三年一月に観測した木星のスケッチに、紛れもなくその後海王星と命名された星が描かれていたのである。ただしそれが未知の惑星であることを、ガリレオは知る由もなかった。

二匹目のどじょうを狙って、海王星についても天王星の場合と同じく、その軌道の追跡が行われた。そして予想通り、この両天体の動きに、未知の惑星の影響のあるらしいことが示唆された。そのような計算を行った一人が、火星の運河の研究で有名なパーシバル・ローエルである。彼は自分の天文台（アリゾナ州フラッグスタッフにあるローエル天文台）でその探索を開始する。しかし、志半ばで亡くなってしまう。

その遺志を受け継いだのが、ローエルの助手であったクライド・トンボウである。ローエルの死から一三年後の一九二九年、新たに導入された、特殊な広視野望遠鏡を用いてトンボウは、新惑星の探索を開始する。そして一九三〇年二月一八日、海王星の外側に、新惑星を発見する。第九惑星は、ローエルの誕生日であった三月一三日、世界に向けて発表された。新惑星は、太陽からはるか彼方の深宇宙にあることから、地下の冥界の王に因んで冥王星（プルート）と名付けられた。冥王星のシンボル♇は、パーシバル・ローエルのイニシアルでもある。

もう少し、新惑星探査の物語を続けよう。チチウス・ボーデの法則に則れば、火星と木星の間、即ち二・八天文単位の位置にも惑星があってよい。今では、チチウス・ボーデの法則には、なんら物理的な根拠はないと考えられている。しかし、物理学的法則に関してまだ十分な理解がなかった当時は、経験的に得られるこのような数字の関係は極めて重要な意味を持っていた。そこで一八世紀後半、多くの天文家はこの付近に新惑星があるのではないかと考えていた。

その話を進める前に、チチウス・ボーデの法則についてもう少し説明しておこう。同じ法則と呼ばれるが、この法則の前に提唱されたケプラーの法則とは、実はその意味が物理的にまったく異なるからである。

ケプラーの法則とは、惑星の運動が太陽をひとつの焦点とする楕円を描くこと（第一法則）、その運動は、近日点付近では速く、遠日点付近では遅く、しかし一定の時間に動いたその両端の位置と太陽を結んだ線と軌道に囲まれた領域の面積は一定であること（第二法則）、その周期（P）と軌道長半径（a）との間には、aの三乗をPの二乗で割った値が一定という関係があり、それは全ての惑星で共通であること（第三法則）、の三つからなる。第三法則が発表されたのは、一六一九年である。ケプラーはガリレオと同時代に生きた人だが、カソリック圏に住んでいなかったので、このような説を発表してもローマ法王から迫害を受けることはなかった。奇しくも、ガリレオの死から一年後に生まれたのがニュートンであるが（一六四三年）、そのニュートンの発展させた古典力学によってケプラーの法則は説明される。

惑星の運動に関するケプラーの法則の成功に倣って、惑星の配置に関して何らかの法則があるはずだと考える人が現れても不思議はない。そのような認識のもとに、この問題に挑戦したのが、J・D・チチウスである。彼は、天文単位で表した太陽から惑星までの距離（AU）が、次のような式で求められることを示した。$AU=0.4+0.3\times2^n$。ただし水星は$n=-\infty$、金星は$n=0$、以下地球、火星……の順に1、2、……と続く。この式は、チチウスより有名な天文家であるボーデが世に広めたので、チチウス・ボーデの法則と呼ばれるようになった。

一見すると法則のようだが、これは実際には法則には当たらない。ケプラーの法則と異なり、その物理的根拠がないからである。しかし、この関係に基づいて、そこにあるだろうと予想された位置に天体が存在したという意味では、当時重要な法則と考えられたことは理解できる。先に述べた小惑星セレスは、まさにそのようにして発見された具体的な例である。一八〇一年の元日、シシリー島パレルモの天文台で、星の位置を計測していた、G・ピアッツィにより発見された。それは、ドイツの天文台で、この二・八天文単位の位置にあるであろう未知の惑星の、システマティックな探索の始まる直前のことであった。セレスという名は、ピアッツィにより、ローマ神話におけるシシリーの守護神（女神）に因んで、命名された。

セレスの発見には遅れをとったが、ドイツにおける未知の惑星探索の努力はその後報われる。彼らは、木星と火星の間の似たような軌道付近で、パラス、ジュノー、ベスタという、太陽の周りをまわる三つの小天体を発見したのだ。しかしこれらの天体はいずれもかなり小さい。最大のセレスでも、その直径は一〇〇〇キロメートルに若干欠ける程度だ。そこでこれらの天体は小惑星と呼ばれ、その存在する領域は小惑星帯と呼ばれる。その数は小さくなるに従って急速（正確にいえば、指数函数的）に増え、総数は推定しようがない。

二〇世紀も終わりに近づく頃、冥王星の軌道付近やその外側に、たくさんの小天体が見つかり始めた。今ではこの付近に、短周期彗星（周期二〇〇年未満）の巣と考えられる、小天体が群れて存在する領域のあることが分かっている。これらがエッジワース・カイパーベルト天体である。小惑星帯の天体やエッジワース・カイパーベルト天体は、太陽系が出来たときに形成された天体（微惑星）の生き残りではないかと考えられている。

冥王星と似た天体を探すと、例えば海王星の衛星トリトンが挙げられる。トリトンは氷でできた天体で、その地表は窒素も凍るほどの低温である。冥王星とトリトンとが似ていても、じつは不思議ではない。冥王星の軌道は、他の惑星と比べ、軌道の離心率や軌道面傾斜角が異常に大きい。海王星の軌道と交差し、ある時期にはその位置が、海王星より内側にくることもある。……土、天、海、冥ではなく、……土、天、冥、海である。トリトンの軌道も不安定なことが知られている。このようなことから、冥王星はかつて海王星の衛星であったのではないか、とも考えられるのである。トリトンが衝突して冥王星が弾き飛ばされたのか、その詳細は不明だが、天王星の自転軸が横転したような衝突が海王星にも起こり、冥王星が生まれたのではないかというわけである。

新しい惑星の定義には、最近の太陽系形成論も関係する。その話題に入る前に、すでに何度も述べているが、改めて太陽系を構成する惑星の紹介をしておく。惑星は大別すると、三つの種類に分けられる。内側の四つ、水星、金星、地球、火星は地球型惑星と呼ばれ、岩石からできた小さな惑星である。その外側に、木星、土星と、巨大なガス（水素、ヘリウム）からなる惑星が位置する。その外側の、天王星、海王星は、かつては木星、土星と一緒に、巨大ガス惑星と括られていたが、最近では氷惑星として、この二つを括り、木星、土星と区別するのが普通である。天王星、海王星は大きさも組成も内部構造もよく似ていて、その主成分は水である。というか氷である。その主成分に基づいて呼ぶなら、これらの惑星こそ水惑星である。地球が水惑星と呼ばれる所以は、地表を海が覆うからである。ただし、量的には少ない。

惑星がこのように、岩石、ガス、氷を主成分とする三つに大別されるのは不思議なことではない。太陽系のもととなる材料物質がこの三つの物質であるからだ。惑星の太陽からの距離による分布は、これらの物質の分布を反映し、その大きさは、それぞれの物質の量を反映している。もちろん個々に多少の違いはある。

水星は、岩石を主とする岩石惑星のひとつであるが、実際には、鉄・ニッケル合金が主成分である。地球型惑星はいずれも、コア、マントル、地殻と、その内部が分化している。中心に位置するコアは、主として鉄・ニッケル合金からなる。しかしその大きさや、そこに含まれる軽元素の種類や量は異なる。水星は、そのコアの大きさが全体の四分の三くらいを占める。地球や金星や火星は大体半分くらいだ。

地殻を構成する岩石の種類や、地表付近の岩石圏の運動様式であるテクトニクスも個々に異なる。例えば、大陸地殻を構成する花崗岩は地球にしか存在しない。プレートテクトニクスも地球にしか見られない。金星や火星ではプリュームテクトニクス（プリュームとはスポット的に上昇する流れのこと）が卓越する、といったようにである。

木星と土星も、その内部構造はよく似ている。中心に岩石からなるコア、その周りを金属水素（高度に圧縮されて電子の軌道が互いに交りあい、電子が自由に動けるようになる）から成るマントルが覆い、その上には水素分子の層があり、さらに大気へと続く。それぞれの厚さは木星と土星で異なる。顕著な違いは大気中のヘリウムの量である。土星の大気中のヘリウムは少ない。ヘリウムが中心に向かって落ちているからと考えられている。

天王星と海王星は、中心に岩石からなるコアが存在する点では巨大ガス惑星と同じである。しかし、その周りを取り巻くマントルが主として水からなる点が異なる。この両天体は、基本的に内部構造も大気の組成もほとんど変わらない。どちらも青い色に見えるが、それは大気中にアンモニアが存在せず、メタンが赤い光を吸収しているためである。アンモニアはこれらの天体のマントルを構成する水に溶け込んでしまっていると考えられている。

これらの惑星はどのようにして形成されたのだろうか？　第一部で詳述したが、改めて簡単に紹介しよう。一般に、星は、分子雲コアと呼ばれる、星間を漂うガスの雲のなかの、特に密度の高い部分が重力的に収縮して生まれる。分子雲コアは回転しているので、それが収縮するとその周囲に、円盤のように取り残される部分がつくられる。それが惑星の誕生する場である。原始惑星系星雲、あるいは原始惑星系円盤とか呼ばれる。はじめ熱かった原始惑星系星雲ガスが冷えてくると、それぞれの温度で、いろいろな鉱物が凝縮してくる。鉱物はガスのなかを沈殿し、その中心面上にたまる。その密度が高くなると、互いの間に働く重力が、中心の原始太陽から受ける潮汐力に勝るようになる。すると、鉱物粒子の層は重力的に分裂し、微惑星と呼ばれる小天体が生まれる。

太陽に近いところには岩石的な微惑星が形成され、遠いところには岩石的な微惑星と氷からなる微惑星が形成される。量的に多いのは氷から成る微惑星である。太陽の周りを取り巻いて、ゆったりと回転する水素とヘリウムから成るガス中を、これらの微惑星がめぐり、互いに衝突を繰り返しながら成長する。その結果、月とか火星くらいの大きさの原始惑星が生まれる。この段階までは、太陽の形成から一〇〇万年くらいで進行する。しかし、その後の、月とか火星くらいの大きさの天体の相互の衝突過程は、ゆっくりと進む。一億年くらいを経て、地球型惑星領域では、地球や金星が生まれる。

巨大ガス惑星の形成領域では、氷の微惑星の数が多い。そのため、原始惑星の成長が早く進み、質量が地球の一〇倍を超えるような巨大な固体氷惑星が生まれる。この固体氷惑星は重力が強いため、周囲に存在するガスを掃き集め、巨大なガス惑星へと更に成長を続ける。その成長までに要する時間も短く、一〇〇〇万年くらいで巨大ガス惑星が誕生すると考えられている。

更にその外側の氷惑星の形成領域でも同様に、質量が地球の一〇倍にも達するような固体氷惑星が誕生する。しかし、その成長に要する時間は太陽から遠い分遅く、従ってその形成時には、既に周囲にガスは散逸しはじめ、薄くなっている。結局、集められるガスの量は少なく、氷惑星となる。以上が太陽系形成のシナリオである。

このシナリオから考えると、冥王星は最終的な惑星の形態とはいえない。新しい定義で、矮惑星(準惑星)と定義されるような天体は、右の形成シナリオでいえば、微惑星かあるいは微惑星が成長してつくられる原始惑星段階の天体である。その数がたくさんあることも理解できる。太陽系についての惑星形成論に基づけば、惑星が海王星までというほうが理論的にすっきりしていることが理解できよう。

最近、太陽系以外の惑星系も数多く発見されている。しかし、それは太陽系とは似て非なる惑星系である。太陽系でいえば、巨大ガス惑星が太陽のすぐ近くをまわっているような、そんな惑星系である。実際、すぐ近くといってもいいくらいで、水星よりもっとずっと内側にある。例えば、水星は〇・三天文単位付近に位置するが、最初に系外惑星系として発見された、ペガサス座51番星の場合、太陽系でいえば、木星が〇・〇五天文単位くらいのところをまわっているようなものである。これは、太陽系に比べ、一〇〇分の一の軌道距離である。

このような惑星系の存在は、もちろん理論的には考えられたこともない。しかし、従来指摘されていた太陽系形成論の問題点を考えると、系外惑星系はある意味、見事なくらい調和的な惑星系といえなくもない。惑星落下問題という難問が、現在の太陽系形成論には存在するからである。木星がつくられたとしても、木星が円盤ガスとの重力相互作用によって太陽に落ち込み、現在の位置に木星が留まらない、そういう問題が指摘されているのである。落ち込むといっても、もちろん、太陽のすぐ近くで止まるメカニズムがあり、そのまま太陽に吸い込まれてしまうわけではない。

今回の冥王星問題は図らずも、現代においても太陽系は、まだまだ夢のある魅力的な研究対象であることを明らかにした。太陽系の話題は地学という分野で勉強する。これだけ大騒ぎをしたくらいだから、この機会に是非、地学に関心を持つ中学生、高校生の数が増えることを期待したい。

「分かる」ことと「納得する」こと

二〇〇六年一〇月初め、ウランバートルを訪れた。事前の情報として、既に初雪が降り、日本の真冬と同様の用意をしたほうが良いというアドバイスを受け、身構えて空港に降り立ったのだが、幸いなことにそれ程のこともなかった。モンゴルはこの年が建国八〇〇年である。そのため、旅行には一番いい季節である夏に、様々な催しが行われ、その混雑を避けてのこの時期の訪問であった。

モンゴルは初めての訪問である。飛行機が、北京近郊上空を過ぎ、中国とモンゴルの国境に近づくあたりから、いつしか眼下の風景に心を奪われる。地形の変化は顕著である。区画化された緑の農地が、次第に褐色の大地に変わり、モンゴル高原へと近づくにつれ、砂漠に特有の風紋が見られるようになる。ゴビ砂漠の一部ではないかと想像する。緑から褐色に変わるその境界付近に、万里の長城らしきものを探したが見当たらない。

なだらかな起伏の褐色の大地は、結局、ウランバートルの空港に降りるまで続いた。空港に着いて初めて分かったのだが、大地の色は同じ褐色ながら、風土は途中で、砂地から枯れた草原へと変わっていたようだ。夕陽を浴びて褐色に輝き、風になびく丈の低い枯れススキが、滑走路の周囲を蔽っている。その風景が無性に、モンゴルの旅情を感じさせてくれる。

降機ゲートには、在モンゴル日本大使館の専門調査員である深井さんが出迎えてくれていた。預けた荷物が出てくるまでの時間を利用して、モンゴルについての簡単なレクチャーを受ける。通関を済ませ外に出ると、思いがけず、モンゴル科学アカデミーの人たちも待っていた。素朴な歓迎の気持ちが伝わってくる。いずれも骨太のがっしりした体格だ。これは男女を問わず、モンゴル人の特徴である。滞在中世話をしてくれるという天文学・地球物理学研究所の人達である。

ホテルに向かう車中で、お互いの紹介と翌日からの予定と講演の打ち合わせをする。滞在中平日と土曜は、午前、午後とも、モンゴル科学アカデミー総裁、あるいは文化省局長表敬、アカデミーの天文、地球物理、古生物学、情報科学、考古学各研究所訪問などぎっしりと予定が組まれていた。今回の訪蒙は、外務省の文化交流事業のひとつとして、最近の地球惑星科学の話題について講演を行うのが目的である。モンゴル側からの要請で、ウランバートル大学での学生、研究者向けの講演と、古生物学研究所での研究者向けの講演、の二つが予定されていた。そこで、ひとつは冥王星問題に絡んで最近の太陽系起源論について、ひとつは恐竜絶滅に関する最近の話題について行うことを事前に通知していた。

せっかくモンゴルまで来たのに、モンゴルらしい風景を楽しむチャンスはないかとあきらめかけたが、幸いなことに、日曜には近くのホスタイ国立公園を見せてくれるとか、多少はモンゴル紀行を書けそうで安心した。宿泊先のホテルに着いた頃には日が暮れていた。繁華街といわれるあたりも、林立する東京のネオンのけばけばしさに慣れた目には、かつてテキサスのどこかで見た田舎町と見まごうばかりの殺風景な眺めである。

翌日からあちこち市内を移動するうちに、主要な施設は町の中心部に集中していて、地図が無くてもその地理が分かるほどの広さであることが分かった。後日、郊外に出かける機会があり、町全体の様子を知ることができたが、周囲には遊牧を放棄した人々が勝手に移り住み、いわゆるゲルが林立する住居地区が広がっていた。『草原の記』を書いた司馬遼太郎さんが訪れたのは、まだ周囲にそのような住居地区はなく、現在の中心部だけからなるようなウランバートルだったのだろう。「中心街は公園のようにうつくしい」、あるいは、「ここには、都市がもつ必然の性格としての猥雑さがない」と述べられている。

彼がこのように表現したロシア式の都市は、この初冬の時期、無秩序に無数に立ち並ぶゲルからもくもくと立ち昇る、石炭を燃やす排煙でかすみ、大きく変貌していた。貨幣経済の導入と都市化による人心の荒廃と環境への弊害が、痛ましいばかりに顕在化している。司馬さんが喝破した、物に執着しないという遊牧の民のすばらしさは、一〇年も経たずにすたれてしまったようだ。

農耕牧畜という生き方は地球システムのなかに新たに人間圏を作る生き方である。その人間圏を作って生きる生き方が文明である。このようにこれまで、遊牧も含めて一緒くたに論じてきたが、司馬さんが指摘した、遊牧の民の物に執着しない生き方は、狩猟採集と農耕牧畜との間に位置する生き方かもしれない。国立公園で、絶滅しかかった現生の馬の祖先という野生馬の生態を観察しての帰途、車窓に映る排煙に煙るこの町の変貌を見て、そう思った。

モンゴルは広大な国土をもつ。しかし人口は二百数十万に過ぎない。それは遊牧が広大な土地を必要とするからである。広大な土地に少数の人といっても、それぞれの情報が各地に閉じているわけではない。その広大な生活圏のなかを、我々のような旅人が移動すると、その情報が瞬時に行き交うという。ある意味で今のネットワーク化された人間圏を先取りするシステムをもっていたともいえる。

物に執着しないという生活の知恵、一方でネットワーク化された社会という、その先進的ともいえる知恵を、今に生かさない手はない。そのような特色を生かした国作りを考える事は、モンゴル帝国建国八〇〇年の今、まさに時宜をえている。貨幣経済に毒された観光イベント屋の提案に惑わされず、地に足の着いた国づくりを心から願わずにいられない。

モンゴル紀行はこのくらいにして、「辺境に普遍を探る」というテーマのまとめをしたい。辺境に普遍を探るとは、実は、ある前提のもとに、その問いが意味をもつ。それは、「分かる、分からない」を論じる世界での話ということだ。まず、そこから議論を進めたい。

日本語としてはほとんどの人が、その違いを意識したことはないと予想するが、「分かる、分からない」という認識と、「納得する、しない」という認識とは異なる。そのことをまず指摘したい。普遍を探るのは前者の世界であって、後者の世界ではない。「分かる」を広辞苑で引くと、「事の筋道がはっきりする。了解される。合点がゆく。理解できる」、「分かる」、あるいは「明らかになる。判明する」とある。一方、「納得」を引くと、「承知すること。なるほどと認めること。了解」とある。日本語としては重なる部分があり、確かに敢えて区別する人は少ないかもしれない。

筆者としては、ここでは、「分かる」ということを、右の意味でいうと、「事の筋道がはっきりする」、あるいは「理解できる」として使いたい。もっと限定的に、次のように定義したほうがすっきりする。すなわち、近代自然科学がそれを定義したように、二元論と要素還元主義的に理解されたことを「分かる」と表現する。外界を脳の内部に投影する際のルールを、二元論と要素還元主義に基づいて行う。そのようにして形成される内部モデルについて論じるのが、「分かる」「分からない」という世界の話である。それに対して「納得する」は、広辞苑で説明するように使いたい。

要するに「納得する」は、相手や社会や自然に対して、自分だけの了解としてその対象を認識すればよいことで、極端な言い方をすれば、相手や他人が納得するかどうかは関係が無い。しかし、「分かる」か「分からない」かは、自分だけの認識の問題ではない。すべての人の共通の認識に関わる。学校教育で習うのは、この「分かる」という世界についてである。

我々は外界を認識するが、それを最近の脳科学的に説明すれば、外界の情報を大脳皮質の内部に投影し、内部モデルをつくることである。具体的には、ニューロンが接続し、ネットワーク化される、ということだ。その投影のルールが共通で、二元論と要素還元主義に基づく場合、自分の内部モデルと他人の内部モデルは共通のものとなる。それが科学というものだ。

そのようにして形成された内部モデルを視覚的に表現すると、図（二一三頁、智球ダイアグラム）のようなものとなる。外界とは、時間と空間と物質から成る。それを三次元の図として表そうとすると、空間を二次元で表現せざるをえない。残りの一次元で時間を表す。すると対象であるもの、例えば地球は円で表される。太陽系はその外側の同心円、銀河系は更にその外側に同心円で表される。地球を構成する様々な物質はその空間スケールに応じてより内側の同心円で表され、中心に近づくにつれ、より基本的な物質となる。例えば、無機的な物質なら岩石、鉱物、分子、原子、原子核という順で、現在その究極の粒子として知られているのは、クォークのレベルである。

時空という言葉があるように、時間と空間は連動している。空間が大きくなるにつれ、対象の今という瞬間の状態は観測できなくなる。情報（光など電磁波）の伝播速度が有限のためである。観測者にとっては今という、この瞬間に観測していても、観測される対象である宇宙はすべて、昔の姿ということだ。遠く離れれば離れるほどより昔ということになる。この図の上では、時間の原点を下にとっているので、現在我々が認識する宇宙は、今という平面からは垂れ下がる。なお現在は、時間の原点から計ると、一三七億年経過した面上にある。

宇宙は時間の原点のところで誕生し、膨脹を始めた。今も膨脹を続けている。観測できるか否かを問わなければ、宇宙の果ては、上に広がるじょうごのように描ける。ただし、その膨脹速度は歴史を通じて一定ではない。従って、じょうごの側面は一定の傾きではなく、湾曲している。今我々に認識される宇宙は、地球から太陽系、銀河系と拡大するにつれ過去に向かって垂れ下がり、遠くになればなるほど、このじょうごと表現した宇宙に近づいていく。その境が

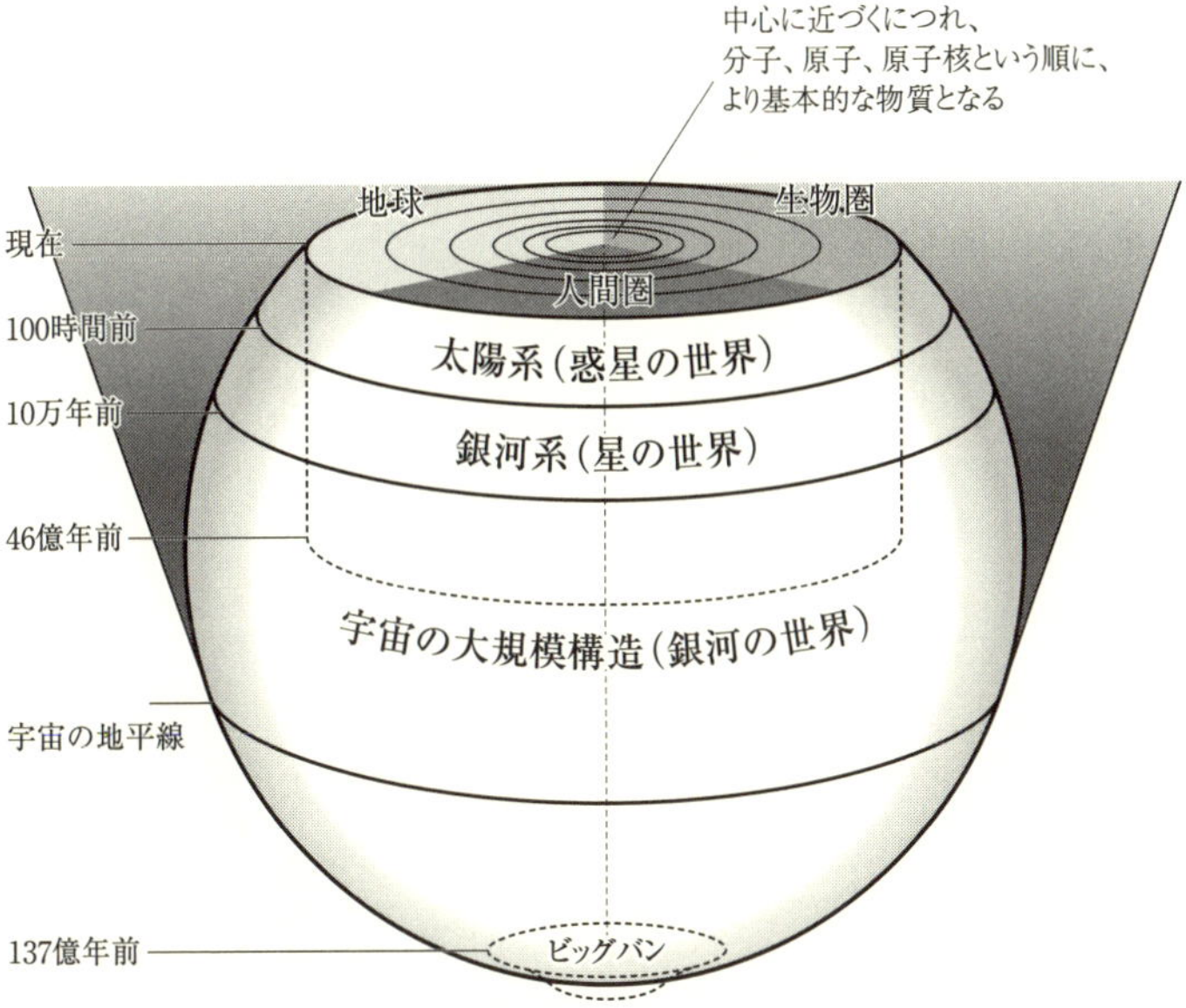

智球ダイアグラム

宇宙の地平線である。

今という瞬間に認識できるのは、このように表現される図形の表面である。歴史はというと、その内部の領域に含まれる。時間軸上のある平面で切れば、そこにその瞬間に起きた事象の全てが記載できる。科学者が論じている自然とは、このように表現される図の、ある部分である。「分かる」とは、単純化して言えば、このような図の上でその対象を具体的に表現できることである。

我々も自然も含めてすべてのものが、宇宙の誕生とその歴史的変遷の結果つくられた。この意味で、この宇宙に存在するもの全てが、その歴史の一部を記録した古文書といえる。我々が外界を認識するとは、結局古文書に記載された記録を解読することに他ならない。その解読した結果がこのような図として表現される。従ってこれこそ、現在の我々の智の体系を可視化したものといえる。

もちろん、その古文書の量は膨大だから、このような図の上に記載できるのはほんの一部に過ぎない。ほとんどは未解読の部分である。それを「分からない」という。それを虫食い穴のように表現すれば、現状はまだほとんどが、虫食い穴状態でスカスカである。しかしスカスカ状態とはいえ、なんとなくその全体像がおぼろげに見えるだけでも、じつは大変なことなのである。比較として、一九世紀末の智の体系を、同様な図として表現してみればよい。

例えばその当時、宇宙は銀河系と考えられていた。他の銀河の存在が確かめられたのは二〇世紀に入ってからである。宇宙や地球がいつ生まれたか、その年齢については、太陽の寿命が推定されていて、たかだか数千万年と考えられていた。ミクロな世界に関しても、まだ原子といったレベルまでで、その時空スケールの狭さだけでも比較にならない。全体の領域の狭さだけではなく、その領域における虫食い穴の体積もずっと大きい。

「分かる、分からない」とは基本的に、このような内部モデルのなかで、きちんと記載できるか否かが論じられる世界なのである。では右のような説明と同様に、「納得する、しない」の認識を説明するとどうなるだろうか？　認識とは基本的に、外界を脳のなかに投影し、内部モデルを構築することであると述べた。従って問題は、その投影の仕方ということになる。そのルールが、二元論、要素還元主義に基づくのが、「分かる、分からない」の世界だとしたら、それ以外のルールに基づくのが「納得する、しない」の世界といえる。

例えば、宗教と比較してみればその違いがはっきりする。宗教の場合、その投影のルールとは、神に他ならない。神というか、その宗教の創始者である。その人が外界をどのように投影したか、その投影結果をそのまま受け入れるのが信者である。即ち、外界を脳の内部に投影するとき、創始者が投影したのと同様に投影するということだ。宗教が違えば、当然そのルールが異なる。同じ宗教、あるいは宗派の信者の間では、その内部モデルは共通かもしれないが、それは他の宗教、宗派と共通ではない。

この場合、宗教の創始者が死んでしまうと、ルールは消滅してしまう。そこで後世、それをルールとしてきちんと残そうとする。それが例えば、仏教の経典であり、聖書であり、コーランである。そのルールをより印象深く、鮮明にするために、それぞれの時代に聖人が出現する。信者はその聖人の主張を「納得する」が、そのためには聖人が聖人たらねばならない。それが「納得させる」仕組みである。例えば、奇跡を起こすとか、想像もできない過酷な修行を行うとか、である。

この仕組みは、宗教に限らず、ある人の主張を信じこませたりする場合も同様である。いずれの場合も「道を究める」という、普通の人が行えないような何かを成し遂げることが必要である。いずれにせよ、そのルールは個人的なもので、それを受け入れる集団の中でしか共通性をもたない。その共通の内部モデルを共同幻想と呼ぶと、人間圏というシステムは基本的に、このような共同幻想を共有する人々から成る共同体を構成要素として成立している。

従って、「納得する、しない」という認識の世界では、普遍性はもともと問われない。普遍性より、むしろ個々の特殊性こそ尊重される。仏陀、キリスト、マホメットら、それぞれの宗教の創始者、あるいは聖人が最も敬愛されるべき対象なのは、まさに彼らが認識のルールそのものという事実を考えてみれば自明であろう。

宗教の世界がこのような認識の世界、ということに関しては、多くの読者に「納得して」もらえると思うが、ここで、そこに人文科学、社会科学まで含めると同意しない人が多くなるかもしれない。しかし、人間やその集団である社会を対象とする以上、それを二元論と要素還元主義に基づいて投影することはできない。そうしようと努力することと、実際にそれが成功するか否かは別である。であるなら、そこで議論されることは、結局「分かる、分からない」ではなく、「納得する、しない」が重要になる。民主主義、市場主義経済、貨幣経済など人間圏の内部システムにかかわる問題も、あるいは愛、人権などの価値観も、全ては人々を「納得させる」事が重要なのである。

辺境に普遍を探るとはまさに、普遍とは何かを追究するだけではなく、このような認識の違いを明確にし、地球システムのなかで安定的な人間圏をどう構築するかにそれを生かすことにある。本稿でこれまで議論してきたことは、全てこのような思考の枠組みに沿っている。改めてまとめておこう。普遍とは何かを追究するためには、辺境を探ることが必須である。それは時空の領域を拡大するという意味だけではなく、智球ダイアグラムとして可視化される智の体系の上で、虫食い穴（分からないこと）と、図上に記載される分かったこととの境界を探ることでもある。「分かる、分からない」の世界のプロは、その境界を知っている。

このような意味で普遍を探ると、その過程で、我々とは何かについて新たな視点が見えてくる。ひとつは、人間圏をつくって生きる我々とは何か、という問いである。この問いは、これまでの生物学的人間論や、哲学的人間論では問われなかった問いである。それは現生の人類が、それ以前の人類とは全く異なるという認識をもたらす。また、その意味での我々とは、共同幻想を抱いて生きる知的生命体といえる。共同幻想を抱けるという能力は、「分かる、分からない」という世界の認識をもたらし、科学と技術を発展させ、現在のような巨大な人間圏の構築をもたらした。一方、「納得する、しない」という認識の世界では、過去から現在にかけてそれほど大きな変化が生じていない。

二一世紀に求められるのは、「納得する、しない」の世界の認識における、その認識論の発展である。それはまさに我々が部分しか「分からない」認識論を、如何にして全体を「分かる」認識論に変えていくか、そのことに関係する。地球システムと調和的な人間圏を如何に構築するか、という問題を考える時、この「納得する」という認識論について、その理解を深めることが必須である。

そもそも、ここで指摘したような、「分かる」と「納得する」の違いを認識し、現在世の中で議論されている問題を、このどちらに属する問題か、考えてみるだけでも価値がある。すると、我々が今解くべき問題が何なのか、もう少し明確になるからだ。あるいは、そのために、どのように「納得させるか」、その仕組みも見えてくるかもしれない。

あとがき

本書は、その折々の科学的ニュースに接し、あるいは旅の徒然に考えたことを、複数の雑誌に連載したものをまとめたものである。特に後半は、その当時、ギリシャ以来の学問が目指した普遍性について、我々はなぜそれを求めるのかを、改めて問い直してみたいと強く思っていたので、そのテーマについて紀行風に記してみたものである。

編集作業を終える頃、本書のテーマに関わる重要な天文学的発見が報じられた。地球と似た惑星が、初めて発見されたというのである。本書でも、系外惑星系の発見の経緯と、その太陽系との比較を紹介しているが、いずれも巨大ガス惑星から成る惑星系で、その意味で太陽系とは全く異なる惑星系であった。

今回発見された惑星系の概要は以下の通りである。第二の地球をもつという星は、てんびん座の方角に位置し、二〇・五光年の距離にある。カタログ番号的にいうと、**Gl 581** である。その周囲に三つの惑星をもち、地球と似た惑星は、そのうちの真ん中に位置する。そのためカタログ番号的には、**Gl 581 c** と呼ばれる。最後の小文字のアルファベットは、中心の星から順に付けられる。したがって、中心の星が **Gl 581 a**、一番近くを回る惑星は同様に、最後のアルファベットがb、次いでc、dである。**Gl 581 c** は、地球の約五倍の質量をもち、半径はおよそ一・五倍で、中心の星の周りを約一三日で公転している。公転周期が一三日ということは、かなり中心の星の近くに位置するが、中心の星が赤色矮星であるため、地表温度はマイナス三〜プラス四〇度と低い。太陽の寿命は約一〇〇億年であるが、赤色矮星は非常に長い。

この惑星系は欧州南天天文台（ＥＳＯ）、三・六メートル望遠鏡に設置されたＨＡＲＰＳ（星の光をスペクトル観測すると同時に、ドップラー法を用いて系外惑星を探すそれ専用の装置）を用いて発見された。ＨＡＲＰＳは、中心星の視線方向の速度を、〇・九ｍ／ｓの精度で観測できる。その周囲に惑星系が存在すると、その視線方向の速度が周期的に変化する。そのことから、惑星系の存在が確認される。中心の星（Gl 581）はそのスペクトル型から赤色矮星（Ｍ３Ｖ型）と分類され、質量は太陽の〇・三一倍と軽い。そのため惑星の存在により揺らされやすく、惑星系があれば、それが観測されやすい。明るさは太陽の〇・〇一三倍しかない。従って、軌道半径が〇・〇七三天文単位でも、地表面温度は地球と同じくらいになる。ちなみに、他の二つの惑星は、Gl 581 bが、公転周期五・三七日、軌道半径〇・〇四一天文単位、質量は地球のそれの一五・六倍、Gl 581 dは、同様にそれぞれ、八三・四日、〇・二五天文単位、八・三倍である。

Gl 581 cは確かに、今まで発見された天体のなかでは最も地球に似た惑星である。海をもち、生命の存在する可能性もある。しかし、そこに地球生命に似た高等生物がいたとしても、その目は我々と異なり、可視光に最も感度が良くはなっていないだろう。この星の地表環境がこれから調べられるであろうが、その大気に酸素が発見されれば、地球生命の普遍性が示唆されることになる。この時初めて、地球生物学は生物学になり、物理学、化学と同じく、普遍性をもつ学問となる。

ひょっとすると、文明の普遍性を確認できるかもしれない。そこに向けて、我々の存在を知らせる信号を送れば、四一年後にその返事が来るかもしれないからである。そんなことが起こったら、我々は、我々の文明の寿命がとてつもなく長いことを確信できることになる。なんとも楽しい時代が到来したものである。

このような新発見の話題の一方で、我々は地球温暖化や環境汚染など、人間圏の存続にとって深刻な影響を与える問題を抱えている。二一世紀の人間圏が、二〇世紀のようなスピードで拡大することは望むべくもないのは本書で述べたとおりである。新しい智の体系のもとで、人間圏が一〇〇〇年後も存在する内部システムの構築が急務であることを、改めて強調しておきたい。

本書は、偶然のきっかけから誕生した。そもそもは、新潮社の辛島美奈さんが、太陽系の写真集の出版に際し、筆者にその紹介文を依頼してきたことに端を発する。久々に、編集者らしい編集者に出会って、本書をまとめてもいいと思った次第である。本書のために旅をしたわけではないが、いろいろな機関からのサポートがあってそれは実現した。編集の労を担っていただいた辛島さんと、個々の名称は記さないが、それぞれの旅のチャンスを与えてくれた機関にも感謝したい。

二〇〇七年七月　松井孝典

初出
第一部：「潮」二〇〇〇年五月号〜二〇〇四年二月号連載〈21世紀の宇宙探訪〉
第二部：「考える人」二〇〇五年春号〜二〇〇七年冬号連載〈辺境に普遍を探る〉にともに加筆

新潮選書

地球《ちきゅう》システムの崩壊《ほうかい》

著　者……………………松井《まつい》孝典《たかふみ》

発　行……………………2007年8月25日
2　刷……………………2007年11月10日

発行者……………………佐藤隆信
発行所……………………株式会社新潮社
〒162-8711　東京都新宿区矢来町71
電話　編集部　03-3266-5411
読者係　03-3266-5111
http://www.shinchosha.co.jp
印刷所……………………大日本印刷株式会社
製本所……………………株式会社植木製本所

乱丁・落丁本は、ご面倒ですが小社読者係宛お送り下さい。送料小社負担にてお取替えいたします。
価格はカバーに表示してあります。

ISBN978-4-10-603588-3　C0395